进水口防导沙
关键技术与应用

黄本胜 邱静 刘达 谭超 著

中国水利水电出版社
www.waterpub.com.cn

内 容 提 要

本书应用物模试验和三维水流数学模型，研究了无坝取水防导沙底墙螺旋流产生的机理，分析了导沙底墙周围水流、泥沙运动特性及影响导沙效果的主要因素；以荷树园电厂取水口工程和淡澳分洪河道进口为工程案例，通过动床物理模型试验分析研究了不同防导沙底墙的布置型式对螺旋流产生的范围和强度的影响及导沙效果的影响，总结了防导沙底墙组的最优布置型式；以东江下游太园泵站提高取水保证率试验研究为工程案例，提出了平原感潮河段改善取水水质的工程措施和非工程措施体系；以芦苞涌水闸典型案例提出了水位下降对无坝取水影响的分析方法及提高取水保证率的工程措施。

本书可供水利、环保、电力、航道等行业相关科研、设计及管理人员参考，也可作为有关高等院校师生研究、学习的参考用书。

图书在版编目（ＣＩＰ）数据

进水口防导沙关键技术与应用 / 黄本胜等著. -- 北京：中国水利水电出版社，2016.6
ISBN 978-7-5170-4415-4

Ⅰ．①进… Ⅱ．①黄… Ⅲ．①进水口－防沙－研究
Ⅳ．①TV671

中国版本图书馆CIP数据核字(2016)第138243号

书　　名	进水口防导沙关键技术与应用
作　　者	黄本胜　邱静　刘达　谭超　著
出版发行	中国水利水电出版社 （北京市海淀区玉渊潭南路1号D座　100038） 网址：www.waterpub.com.cn E-mail：sales@waterpub.com.cn 电话：（010）68367658（发行部）
经　　售	北京科水图书销售中心（零售） 电话：（010）88383994、63202643、68545874 全国各地新华书店和相关出版物销售网点
排　　版	中国水利水电出版社微机排版中心
印　　刷	北京博图彩色印刷有限公司
规　　格	140mm×203mm　32开本　4印张　108千字
版　　次	2016年6月第1版　2016年6月第1次印刷
印　　数	0001—1000册
定　　价	28.00元

前　言

　　天然河流是人类赖以生存的重要水利资源，随着工业发展以及大规模的城市化进程，在河流上修建的各种引水工程的数量不断增加，无坝引水由于投资小，而且不会破坏河流原有的河势及生态平衡，相对环保，今后将会是供水水源工程的主要方式。与此同时，如何提高进出口取水的保证率和取水质量问题因此也受到了广泛的重视。

　　影响取水保证率的主要因素有河流的水位变化、引水取水口的位置选择、引水取水的含沙量以及引水取水口前河床高程的变化。现阶段，引水取水口的位置的选择已经有了比较成熟的方法，引水口选址的原则是引水口所在河段应当位于河势稳定的凹岸以及水深最大、流速最大、环流最强的位置。当引水取水口选定了合理的位置后，在同一河流水位的前提下，引水的含沙量以及引水取水口前河床高程的变化，都取决于是否采取了有效的引水防沙措施和设计，如何有效地引水防沙，减小引水取水的含沙量和减轻引水取水口前的泥沙淤积，成为提高进水口取水保证率的核心问题。

　　因此，各种取水引水工程中泥沙问题处理的好坏，直接关系到工程的运行效益和使用寿命，对于城市供水工程来说，则直接关乎取水保证率的问题，能否高效地引水防沙是各种取水引水工程迫切需要解决的关键技术问题。

　　本书是课题组集体智慧的结晶，参与本书撰写的其他主要人员还有刘中峰、黄锋华、吉红香、王丽雯等。本书既有理论研究，也有丰富的工程案例，本书旨在促进和提高工程水力学的研究深度和水平，同时可为类似的进水口防导沙工程设计提供参考。

本书获得广东省水利科技创新项目《提高无坝取水保证率及引水防沙技术研究》的资助，在此致以深切的谢意。在本书的撰写过程中，众多专家、学者提出了宝贵的意见，在此也对给予我们无私帮助过的所有人表示衷心的感谢！

限于作者水平，书中难免存在一些不妥之处，敬请专家和读者批评指正。

作 者
2016 年 3 月

目　　录

1 概述

1.1 问题的提出

天然河流是人类赖以生存的重要水利资源，随着工业发展以及大规模的城市化进程，在河流上修建的各种引水工程的数量不断增加，无坝引水由于投资小，而且不会破坏河流原有的河势及生态平衡，相对环保，今后将会是供水水源工程的主要方式，与此同时，如何提高进水口的保证率和取水质量问题，所以也受到了广泛的重视。

影响进水口取水保证率的主要因素有河势、河流水位变化、泥沙淤积及水质等。现阶段引水取水口的位置的选择已经有了比较成熟的方法，无坝引水口选址的原则是引水口所在河段应当位于河势稳定的凹岸以及水深最大、流速最大、环流最强的位置。当引水取水口选定了合理的位置后，山区河流取水工程既提高引水防沙水平，也是提高无坝取水保证率的核心，而平原河流取水工程则以改善水质条件为核心。

对于山区河流，在同一河流水位的前提下，引水的含沙量以及引水取水口前河床高程的变化，都取决于是否采取了有效的引水防沙措施和设计，如何有效的引水防沙，减小引水取水的含沙量和减轻引水取口前的泥沙淤积，成为提高无坝取水保证率的核心问题。引水防沙问题解决的好坏在诸多引水工程中都显得至关重要。河流中都或多或少的携带着泥沙，直接影响引水的质量和数量，从而对灌溉、水电站、火电站以及城市供水设施等引水工程的正常运行构成威胁。如灌溉引水口前的泥沙淤积会降低引水效率，造成大量泥沙进入渠道，使灌溉渠道淤积加重，清淤工作难度较大。黄河上的人民胜利渠由于泥沙大量淤积，造成口门和引渠淤死，甚至在开闸引水灌溉结束后，也不敢关闭闸门停水。水电站引水口出现的最常见的问题是泥沙对水轮机的磨损问题。磨损现象存在于水轮机设备的不同部位，水流流速较高时，混流式机组的固定导叶和活动导叶、射流泵均有磨损，磨损加重后甚至使机组顶盖受到的压力增大或空隙增大导致密封失效，甚至破坏机组正常运转。如映秀湾水电站运行 7404h 后，水轮机 2 号机组于 1976 年年初大修，该机组转轮下止漏环上段间隙因磨损增大 0.35mm；面上鱼鳞坑的方向角实测约为 40°；叶片正面，靠下环侧宽百余毫米的母材上有鱼鳞坑，坑深约 0.2mm；靠下环及泄水边区域，鱼鳞坑深约 0.5mm；在泄水边缘上，坑深达 1～2mm。火电站引水口前的淤积不仅会降低引水效率，甚至会将口门堵死而取不到水。同时，也会引起流道系统堵塞与磨损的问题。如美国艾奥瓦州德内恩能源中心电厂引水口自 1972 年以来，泥沙问题不断，大量泥沙进入冷却系统，给正常运行和维护带来很大麻烦，与此同时，泥沙在引水口前形成淤积，闸门多次被堵塞，电厂不得不停止运行，带来很大的经济损失。

对于平原三角洲河网区，往往人口稠密，城市化程度高，河道水质恶化，近年来咸潮上溯问题也日益严重，平原感潮河段的水质问题已成为影响取水保证率的主要制约因素。而平原感潮河段属河口区，水流缓慢，河道水位变化较大，潮流界以内河段为往复流。因此，可以根据平原感潮河道的河道水流运动特性，探索性地采取因地制宜的工程和非工程措施，提高无坝引水的保证率。

取水水位对进水口取水保证率的影响也较大，随着近年来大规模人工采砂活动等因素的影响，全国各地，尤其是珠江三角洲地区相当部分的河道河床均出现了不同程度的下切。河床下切直接导致河道水位降低，进而影响河道取用水工程的取水保证率，该问题也需要定量的深入研究。

1.2 研究现状

如何提高进水口取水的保证率是个较为复杂的问题，国内外文献中针对具体工程在取水口布置、防沙措施、水质保障、水位保障等方面均有所述及，但是尚没有系统的研究，几乎是空白，而与其相近的研究也为数不多。现就国内外有关桩群以及与其相近的河道水流研究现状简述如下。

1.2.1 常见的引水防沙导沙技术及工程措施

国内外无坝引水采用的防沙导沙措施一般主要有以下几种：

（1）拦沙坎[1]。拦沙坎对防止底沙入渠有显著的效果，不仅可用于无坝取水，也可应用于有坝取水，一般沿取水口河岸边布置。坎的形状有梯形、矩形及向前延伸的悬臂板型，后者采用较多。为探求拦沙坎对防沙的作用，苏联学者 A.C. 在研究拦沙坎在引水角为 90° 的无坝取水口前的作用时，对不同相对坎高（坎高 P/水深 H）下，引水比与进沙比的关系做了研究，得出在同一引水比时，相对坎高越大，则进沙比越小，防沙效果越明显；在同一相对坎高时，引水比越大，进沙比也越大；任一相对坎高都有一对应的极限引水比。此外，U.R 索克洛夫总结取水工程拦沙坎的经验后提出，对于无坝取水工程，在含沙量较小的稳定河床中，拦沙坎坎高可采用 0.5～0.8m；在卵石河床中，拦沙坎坎高可采用 1.0～1.5m；在沙质河床中，拦沙坎坎高 2.0～3.0m。

（2）叠梁闸门[1]。在进水闸修理门槽内安装一定数量的叠梁闸门（每个梁高 0.3～0.5m），可以防止底沙入渠。根据西北水利科学研究所试验研究，认为叠梁闸门对防止推移质入渠有显著的作用，一般不设叠梁的闸门进沙量相当于设叠梁的 2.1～7.3 倍，这种防沙措施在黄河下游应用较多，尤其是河床高于闸底板时，采用叠梁闸门可以防止大量泥沙入渠。根据日本的试验，叠梁顶部增设伸出具有一定倾角的挡沙板，可以防止底层水泛起，防沙效果更为明显。板长以 25～50cm 为宜，板向下倾角最好为 8°～10°，并要求叠梁顶溢流深度大致保持在叠梁高度的一半以内。

（3）不倒式拦沙浅堰[2]。皇甫泽华为适应河道游荡多变和河底逐年抬高的特点，设置了活动的防沙工程设施——不倒式拦沙浅堰（见图 1.1），可随河道的游荡和河底逐年抬高而迁移，无论河道如何变化，都能保证防沙设施经常处于引水口门的合适位置，以减少入渠泥沙的淤积和防止引水口门被淤死。拦沙堰可根据水位涨落变化调节高度，以保证任何情况都能引取表层水流。

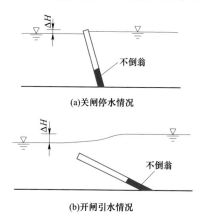

(a)关闸停水情况

(b)开闸引水情况

图 1.1　不倒式拦沙浅堰示意图

不倒式拦沙潜堰是用复合材料制成的上轻下重的不倒翁单元板块，每板块上配以可调整浮力的浮子，各单元连接组成一道拦沙坎，置于引水口处所要求的位置，直立或倾斜置于水中，起拦沙作用。每单元板块有相对固定的几何形状，其竖向边可以人工调节伸缩以适应大河水位的变化。各单元间为有限的柔性连接，以防止在工作过程中有过大的不同步倾斜，又能适应较大的变形。

关闸停水时，拦沙潜堰直立于引水口静水之中，隔断大河与引水渠之间的水流交换，防止引水渠及引水口门的淤积。在开闸引水时，由水的流速及上、下游水位差所产生的水平力的作用将拦沙潜堰推向下游倾斜置于水中，又因有浮力的作用使拦沙潜堰顶没入水面以下一定的深度，处于力的平衡状态，表层水流越堰而过，含沙大的中、底层水流被阻于大河之中顺流而下，起到拦沙作用。

这种拦沙堰有效地解决了黄河下游河道游荡多变和河底逐年抬高的问题，对减少这一类河道的入渠泥沙的淤积具有借鉴意义。

（4）悬板分层式引水防沙工程[3]。在众多引水工程中，悬板分层式引水枢纽采用"正面分层引水、正面排沙"的布置形式，比较符合泥沙输运规律，较好地解决了引水和防沙的矛盾。其引水防沙的工作原理是：根据河道含沙水流中泥沙在垂线上的分布特性，即含沙量沿水深递增的分布规律，特别是推移质泥沙多集中于床面的特点，挟沙水流经上游整治段到达水平悬板前缘时，被水平悬板分割成上下两层，上层清水被引入进水闸，下层含沙量较大的浑水经板下廊道输送至泄洪冲沙闸后的下游河道，从而达到"引清排浑"的目的（见图1.2）。

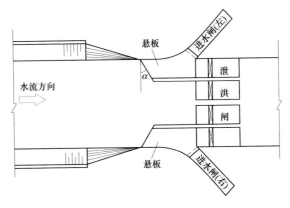

图 1.2　悬板分层式引水防沙工程示意图

悬板分层式引水枢纽较适用于河道来流量悬殊，推移质粒径大、量也大，且引水比较多的山溪性河流。自 1960 年我国在新疆区皮山县建成第一座该形式枢纽，渠首经过近 40 年的运行并改进后，证明其引水防沙效果较好，具有适应性较强、工程结构简单、经济和管理方便等特点，在新疆区的应用范围也逐渐扩大。

（5）蜗管排沙。涡管排沙是指在河床上或者临近河床的某一高度上利用螺旋流排除水流底部，推移质泥沙的管道或排沙通道。巴歇儿（R. L. Parshall）在 1933 年首次提出了涡管排沙的方法。Corl Robwer 利用宽 2.44m 和 4.28m 两种渠道，涡管内径分别为 10.16cm 和 15.24cm，在各种不同涡管轴线与渠道水流方向交角的条件下，对涡管的排沙特性进行了研究，研究发现，渠中水深略小于临界水深时排沙效果最佳；涡管截面以带开口的近似圆形的涡管效果较好；涡管开口上下缘齐平时截沙率较高；涡管与水流方向夹角对排沙率影响不大；当弗劳德数从 0.4 变到 1.3 时，排沙率变化很小，耗水率则由 3.84% 变到 13.0%；当弗劳德数大 1.3 时，涡管的泥沙又大量被重新抛回渠道。Mustag Ahmad 针对实际工程进行了研究后建议，渠中水流弗劳德数应取 0.8；涡管内径应等于弗劳德数为 0.8 时相应的渠中水深；开口上下缘高程应相等，开口应为圆周的 1/6；强输沙率时，应采用多根涡管[4]。Robinson 根据理论分析和实验结果认为，影响耗水率的因素复杂，耗水率通常为 5% 到 10%；涡管长度与开口宽度之比不应超过 20；涡管与水流方向的夹角应为 45°左右[5]。在我国对涡管也进行了一些研究和应用。张开泉从能量角度初步分析了螺旋流排沙的机理，提出了螺旋流的流速结构模式[6]。王庆祥对涡管排沙进行了实验，认为涡管不适用于陡坡急流或过缓的水流，近底流速需大于 0.4m/s，且弗劳德数应为 0.7~0.9 才会产生较好的排沙效果；涡管与渠中水流的夹角应在 30°~50°之间，最好为 45°；涡管本身坡度应等于或略小于渠道坡度[7]。樊崇良、白晓峰等在水槽实验和理论分析的基础上，得到了涡管排沙的计算公式，即耗水率 W、开口宽度 b 及排沙率 E 的表达式，涡管排沙约用水，用 10% 以下的耗水量，能排除 80% 的推移质来沙[9]。王庆祥等[9-11]进行了水槽试验，测定了当涡管布置于河床床面之下时，涡管内的切向及纵向流速分布，认为绕轴旋转的线速度与入坎处的坎顶流速成正比，与所在位置的半径成反比，其最大值靠近空腔外边界（当存在空腔时）或出现在 0.55 倍管径的地方（当无空腔时）。

（6）排沙漏斗。排沙漏斗的研究起始于沙拉克霍夫发明的"环流室"，它的基本原理是，含沙水流经进水渠道进入环流室[12]，清水从室周边溢出，再由侧槽汇集进入引水渠道，而泥沙则由室内产生的旋转水流带向漏斗中心的冲沙底孔，继而由底孔附近空气漏斗形成的冲沙水流带入底孔排走。周著等人在分析与研究了沙拉克霍夫发明的"环流室"基础上，适用流量和结构体型方面均有了突破，并于 1991 年初步完成了用于排除推移质泥沙的强螺旋流排沙漏斗的研究[13]，在此基础上，借鉴了国外有关涡流排除悬移质泥沙的研究资料[14]，提出了水平调流板与漏斗相结合的结构形式，用于排除来流中的推移质及悬移质泥沙[15]，之后又提出导流墩、水平调流板及漏斗相结合的形式[16]。唐毅等通过数值模拟和模型试验[17]，研究了排沙漏斗三维涡流的清水流场的水流结构，得出了排沙漏斗内区的流速分布规律。

以上几种防沙排沙措施的应用均有一定的适用性和局限性，这些措施主要适合于河道中水流流速相对较大，水力坡降较大的河段，从河流的泥沙特性方面来讲，主要适用于推移质占较大比重、泥沙粒径较大的山区等河流，在这样的河流能够起到较好的防沙和排沙效果。因此，这些防沙排沙设计应用最多的就是在黄河上的引水取水工程。广东省如东江等河流属于平原河流，具有流速较小，水力坡降较小的特征，同时，推移质的比重比黄河都小很多，泥沙的粒径也相对较小，引水取水工程取水口前的泥沙淤积往往由悬移质等沉降造成，上述几种防沙手段在这样特征的河流上的防沙效果不显著。因此，如何采用有效的防沙导沙措施就显得尤为关键。

1.2.2 防导沙底墙技术及类似相关技术研究现状

（1）导沙屏。波达波夫[18]最早通过对影响环流因素的简略假定，推导出了关于人工环流特性的一些理论公式，得出了环流的平均线性流速、环流运动速度的分量关系、环流的动能强度以及环流的衰减特性，在理论分析及试验的基础上，提出了波达波夫导流装置。导流装置由若干导流屏组成，与水流斜交，可导引水流改变流向，与纵向水流配合，在较大范围内产生螺旋流。布置在引水口前的导流装置，可使表面水流导向引水口，而将底流导离引水口，减少入渠泥沙。奥加德（A. J. Odgaard）等[19-22]提出导流屏迎水流方向的交角应为15°～30°，导流屏的高度应为水深的20%～40%。美国艾奥瓦州德内恩能源中心电厂引水口自1972年以来，泥沙问题不断，大量泥沙进入冷却系统，给正常运行和维护带来很大麻烦，与此同时，泥沙在引水口前形成淤积，闸门多次被堵塞，电厂不得不停止运行，为解决泥沙问题在引水口前设置了9个导流屏，安装导流屏后引水口附近的河床高程降低约0.6m，防沙效果十分明显[22]。

（2）导沙坎。张德茹、梁志勇[23]等根据水槽试验的结果，阐述了导沙坎防沙的原理，导沙坎附近水流及泥沙运动规律，分析了影响导沙坎导沙效果的主要影响因素：流速、导沙坎高度以及导沙坎与水流的夹角，从推移质泥沙运动的机理出发，进行理论分析推导，得到导沙坎相对高度与相对水流强度的关系式，并利用实际工程及模型试验的有关资料进行了回归分析，确定出了关系式的系数和指数。

（3）防导沙底墙。防导沙底墙技术广东省水利水电科学研究院在进行引水防沙工程的试验中研究出的一种较为有效无坝引水防沙技术。防导沙底墙的单体实际上是一座潜坝，通过多个坝体的有序排列组合形成底墙，可以较好地改变推移质输沙带的运动方向，其原理是通过将导流墙设置与水流斜交，导引水流改变流向，与纵向水流配合，在较大范围内产生螺旋流，使表面水流导向引水口，而将底流导离引水口，从而改变底沙的运动方向，实现引水防沙的目的。广东省水利水电科学研究院最先于1994年在淡澳分洪工程引水防沙研究[24]，并成功应用防导沙底墙技术，经多年实践检验，效果较好，继而2004年又在荷树园电厂等工程[25]中得到成功运用，取得了良好的引水防沙效果，但目前为止还没有对该项技术进行过基础性质的深入系统研究。

因此，从机理层面入手，考虑各种因素如河势、泥沙特性、引水口前流场特征、引水流量比等不同的情况下，防导沙底墙布置型式等对无坝引水防沙的影响，采用物理模型与数学模型相结合的方法，深入对防导沙底墙技术做应用基础研究将具有较为重要的理论价值和实际意义，研究的成果将对今后无坝取水引水工程的设计提供可靠的指导，是提高无坝取水保证率的重要技术保障，必将产生较大的经济和社会效益。

2 防导沙底墙技术的机理及应用研究

2.1 防导沙底墙技术中螺旋流机理研究

2.1.1 导沙底墙导沙原理

导沙底墙是一种航道整治中较为常用的导沙工程措施，对单个个体而言，其实际上是一座潜坝，通过多个坝体的有序排列组合形成底墙，可以较好地改变推移质输沙带的运动方向。其原理与波达波夫导流墙类似，都是通过将导流墙设置与水流斜交，导引水流改变流向，与纵向水流配合，在较大范围内产生螺旋流，使表面水流导向引水口，而将底流导离引水口，从而改变底沙的运动方向，实现引水防沙的目的，导沙底墙产生的螺旋流示意见图 2.1。

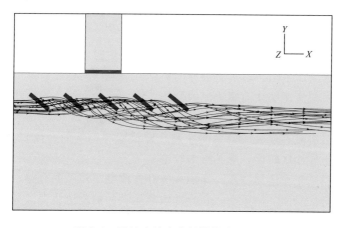

图 2.1　导沙底墙产生的螺旋流示意图

2.1.2 导沙底墙周围的水流及泥沙运动特性

（1）水流流态。当上游行近水流遇到导沙底墙之后，一部分，水流折转向床面，形成下潜水流，然后在坎前形成螺旋流；另一部分，则折向水面，爬过坎顶流向下流；跃过坎顶的水流由于坎底部压力不平水流流向床面形成坎后螺旋流；底部主流区经过坎端下游水流发生紊动掺混产生一连串尾流旋涡。由于导沙坎的设置使坎附近的水流形态发生了根本变化，在导沙坎周围决不再是二度流了。导沙底墙上游存在上升水流、下降水流和坎前螺旋流，导沙坎下游有坎后螺旋流和尾流旋涡产生，防导沙底墙周围水流结构见图2.2。

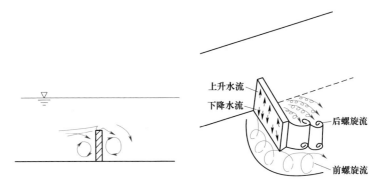

图 2.2　防导沙底墙周围水流结构示意图

（2）流速分布。当底部水流遇到导沙坎时，由于导沙坎的存在对水流产生阻碍，水流被导向对岸，上游流向偏向对岸；导沙坎前底部流速受坎前螺旋流的影响，流向偏向上游；导沙坎下游受坎后螺旋流的作用水流方向呈放射状（见图2.3），导沙坎顶上一层水流过坎后流向偏向左侧（即设置导沙坎的一侧）。表层水流距导沙坎较远，受其影响较小。

（3）泥沙运动特性。导沙坎的存在改变了泥沙的流路，迫使泥沙向坎对面一侧运动，在导沙坎前运动的螺旋流将泥沙导向泄水道，在导沙坎下游产生的螺旋流将跃过导沙坎的泥沙导向对岸。根据有关研究成果[1]，可以获得导沙坎附近泥沙运动状态分

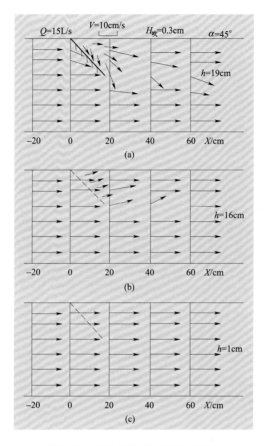

图 2.3 不同水深水流流速分布图

区（见图 2.4）。当上游来流遇到导沙坎，坎前形成螺旋流，底部流向与导沙坎轴线夹角为锐角，泥沙运动背离导沙坎，形成坎前导沙区 A；由于坎端下游尾流旋涡及坎前螺旋流惯性的存在，将坎端下游 B 区的泥沙导向对面；跃过导沙坎的泥沙，一部分落淤在坎的背面，由于导沙坎背面死角的掩蔽作用，坎后螺旋流不能将其导走，形成坎后淤积区 C；跃过坎的另一部分泥沙被坎后螺旋流导向对面导向下游，泥沙的运动方向是以放射状态向周围辐射，形成椭圆形坎后导沙区 D；导沙坎端下游不远处出现一长条沙脊，沙脊的形成是由于坎后螺旋流，底部流向往主流方向偏，主流这边单宽流量大，有向导沙坎一侧扩散的趋势，由于两边作用相反，使底部泥沙形成一凸起的条状沙脊，此沙脊是以立轴旋涡的形式向下游运动的，称它为沙脊区 E。

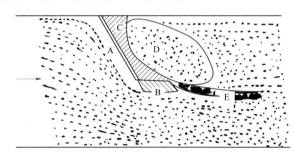

图 2.4 防导沙底墙附近泥沙运动状态分区图
A—坎前导沙区；B—坎端导沙区；C—坎后掩蔽区；
D—坎后导沙区；E—沙脊区

2.1.3 影响导沙效果的因素

导沙墙导沙效果的影响因素包括了水流条件、泥沙特性和几何边界条件，现对流速、导沙坎的高度和导沙坎与水流的夹角等几个主要因素的作用阐述如下：

（1）流速。坎前螺旋流旋转的动力来源于坎前流速，坎前流速随着平均流速的增加而增加，当坎前流速遇到导沙坎时，即被分解为平行导沙坎轴线的纵向分速 V_y 和垂直于轴线的横向分速 V_x，横向流速 V_x，将引起水流质点的旋转，其值越高，旋转力越强而纵向流速 V_y，将使旋转水流沿轴线方向呈螺旋形向前运动流速越大，分速 V_x、V_y 越大，坎前螺旋流的强度越大流速越大，坎后螺旋流的范围也增大，使坎后导沙区 D 的范围向下游扩展增大。

（2）坎高。试验结果表明，导沙坎的高度是形成坎前螺旋流的一个重要因素。在一定范围内，坎越高，坎前螺旋流的强度越大，坎后螺旋流范围越大，强度越大，导沙效果明显增强，由于导沙坎高，坎后掩蔽作用增强，坎后淤积区范围向下游扩展，为了减少对水流的扰动，在取得足够螺旋流强度的前提下，导沙坎的高度应尽量降低。

（3）导沙坎与主流的夹角。导沙坎与水流方向的夹角越大，横向分速 V_x 的作用越强，水质点旋转力越强，转数越高，纵向分速 V_y 越小，螺旋流向前运动速度慢。反之则相反，在一定水流条件下，导沙坎与水流的夹角偏大或偏小导沙效果都不太理想。

2.2 防导沙底墙技术在典型工程中的应用研究

2.2.1 典型工程一

2.2.1.1 工程概况

荷树园电厂是山区河流应用防导沙底墙技术较为典型的工程，该电厂的取水防沙措施通过模型试验的优化，在工程实际中应用效果显著。

荷树园电厂位于梅县丙村镇的北面约 4km 处的荷树园，韩江流域梅江干流左岸，石窟河出口右岸是利用煤矸石低质煤作为燃料配循环流化床锅炉的火力发电厂，电厂的一期工程为 $2\times$ 135MW 循环流化床燃煤发电机组，二期工程为 4×300MW 循环流化床燃煤发电机组。

荷树园电厂拟订的取水点位于石窟河出口东洲坝右岸，坝头水电站坝下、丹竹水电站水库内，小河唇以南约 500m 处，距离梅江入口约 1000m。

由于石窟河洪水期泥沙含量相对较大，河床也由于河段上下游水电站的建设产生变化，引水防沙措施成为研究的关键。

2.2.1.2 河道水文泥沙特性

石窟河是梅江最大的一级支流，为山区性河流，发源于福建省武平县洋石坝，由蕉岭县进入广东省境内，在梅县雁洋镇东洲坝汇入梅江，河道长为 179km，流域面积为 3681km²，河道平均坡降为 1.79‰。石窟河流域的白渡水文站控制取水口以上

94.5%的集水面积，其多年平均流量 98m³/s，最大年径流量 60.23亿 m³，径流年际变化较大，枯水年水量并不丰富，最小年径流量仅 9.56亿 m³。实测最小流量 2.27m³/s，径流年内分配也极不均匀，径流量大部分集中于 4—9 月，约占年径流量的 70%～80%。白渡水文站 $P=1\%$ 洪峰流量 4280m³/s，$P=97\%$ 时的枯水流量为 3.29m³/s，$P=99\%$ 时的枯水流量为 2.19m³/s。

石窟河流域植被尚好，无水土流失现象，参考邻近汀江上游的上杭、溪口两水文站实测含沙量为 0.228～0.252kg/m³，考虑到石窟河流域中、下游人类活动较上游频繁，电站厂址处河段含沙量略比上杭与溪口两水文站稍大，采用 0.265kg/m³，则多年平均悬移质输沙量为 83.57 万 t。

2.2.1.3 试验河段的河势及近年河床的演变

研究河段为石窟河下游接近河口的微弯河段（见图 2.5），上游的河道宽度约 170～200m，下游靠近河口处拓宽到约 260m，河道的平均宽度约为 200m，其断面形态为窄深的 U 字形，两岸有阶地存在，河道的宽深比约为 2，深泓线的纵向比降约 1‰。荷树园电厂取水口上游约 2km 处的坝头水电站左岸为电厂厂房，右岸为筏道，中间为 8 孔泄洪闸，泄洪闸占河道宽约 130m，筏道宽为 8m。已建成的梅坎铁路桥位于取水口上游约 800m，取水口下游约 720m 为石窟河大桥。河道水流动力轴线呈现"低水傍岸"、"高水居中"的弯道水流特点。取水口位于坝头水电站至石窟河口微弯河道的凹岸弯顶附近，即在顶冲点附近。由于河道两岸均已进行混凝土衬护，有一定的抗冲能力，河岸相对较为稳定，未出现凹岸崩退凸岸淤涨的明显变化。

通过对荷树园电厂取水口河段 1972 年、1995 年和 2003 年河道地形图截取 54 个断面进行对比分析，取水口河段自 1972—1995 年基本属于自然演变过程，河床略有冲深，处于稳定状态。1972 年地形图显示：上游为较顺直河段深槽居左侧，过渡段河床深槽居中，随后河道进入弯曲河段，深槽贴近右侧凹岸。1995 年与 1972 年测图比较，上游段左侧深槽变化不大，中间局部河

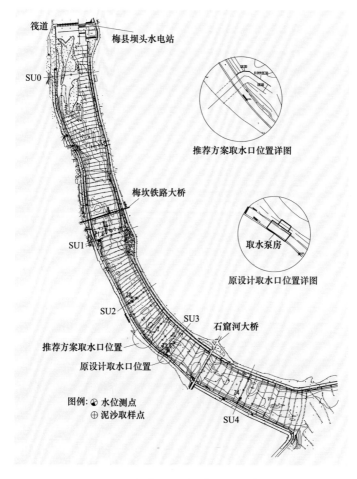

筏道

梅县坝头水电站

SU0

推荐方案取水口位置详图

梅坝铁路大桥

SU1

取水泵房

原设计取水口位置详图

SU2　SU3　石窟河大桥

推荐方案取水口位置

原设计取水口位置

图例：⊙ 水位测点
　　　⊕ 泥沙取样点

SU4

图 2.5　工程附近河道河势及工程位置图

槽有所刷深，刷深深度最大达 1～1.2m；过渡段右侧河槽刷深，
刷深深度约 0.9～1.2m，弯曲河段断面有冲有淤，右侧深槽淤
积，河槽中间刷深，部分断面变化不大。

1995 年后，随着上游瓜洲水电站、坝头水电站的建设，特
别是 2005 年以来无大洪水下泄，上游来沙基本上都被拦在坝头
水电站库区内，加之下游人为采沙等因素影响，本河段河床出现

明显下切。2003 年与 1972 年、1995 年河道测图相比，河槽形态产生了较大的变化，断面呈典型的 U 字形，深槽归中，不再出现左右两侧的深槽，且河床断面呈现普遍下切的态势，最大的下切深度达 2.3～3.7m，部分断面显示较明显的人为挖沙的痕迹。

近年，由于连续枯水年，坝头水电站鲜有开闸泄洪，上游来沙大部分淤积在水库内，若遇上大洪水开闸泄洪，库区淤积的泥沙随洪水下泄，荷树园电厂取水口若不考虑防沙工程措施或防沙工程布置不当，取水口将面临泥沙淤堵的危险，难以保证取水安全。

2.2.1.4 物理模型试验研究成果

（1）研究方法及技术路线。对工程所处河段的水文、泥沙及河床演变进行分析，为正确选取试验水文条件及模型率定的基础。对荷树园电厂取水口所处河段进行定床物理模型试验，测量取水口进口及取水口前后水位、流速，分析取水口附近河床变化，通过定床加沙试验，研究对比有无防导沙底墙的引水防沙效果，其技术路线见图 2.6。

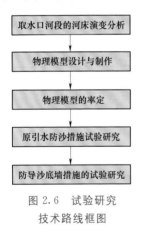

图 2.6　试验研究
技术路线框图

（2）物理模型设计制作及率定。

1）模拟范围。模型范围的确定应保证所研究河段的上、下游过渡段的水流衔接能得到较好的模拟。也就是说，模型的大小及范围的确定，应能使试验研究河段本身的各种可能出现的流态在模型中得到真实的反映。因此，模型模拟的范围应足够大。根据荷树园电厂取水口所处河段的河道特性，考虑模型进、出水段水流衔接的要求，模型模拟的范围包括：上边界梅坎铁路桥上游约 260m 处起，下边界至石窟河大桥下游约 580m，原型长度约 2.40km，平均宽度约 200m。

2）模型的设计与制作。按 Froud 准则设计模型为变态模型，除要保证模型的雷诺数在充分发展的紊流区以及模型最小水深大于表面张力的影响外，还要考虑到模型的糙率易于满足相似条件，兼顾到河道的洪枯水流量相差较大、电厂取水流量相对于河道的洪峰流量较小的要求，在试验供水流量满足要求的前提下应尽可能取较大的模型比尺，且变率不宜过大，另外，也要考虑到试验场地等条件。综合考虑上述因素，最后选取模型的平面比尺 $\lambda_L = 60$，垂直比尺 $\lambda_h = 35$，变率 $e = 1.714$，由此求得其他模型比尺为：

流速比尺 $\qquad \lambda_V = \lambda_h^{1/2} = 5.916$

糙率比尺 $\qquad \lambda_n = \lambda_h^{2/3} / \lambda_L^{1/2} = 1.382$

流量比尺 $\qquad \lambda_Q = \lambda_h^{3/2} \lambda_L = 12423.768$

时间比尺 $\qquad \lambda_t = \lambda_L / \lambda_h^{1/2} = 10.142$

在枯水流量最低水位下，试验河道的水深约为 $1.7 \sim 2.7 \text{m}$，换算成模型水深为（$4.86 \sim 7.71 \text{cm}$）$> 2 \text{cm}$，满足模型最小水深的要求。当上游坝头水电站下泄最小发电流量（$60 \text{m}^3/\text{s}$，下游水位为 59.7m）时，取水口附近的平均流速为 0.074m/s 左右，由此计算得模型的雷诺数为：

$$R_{em} = (V_p \times h_p / \lambda_h^{1.5}) / \upsilon$$
$$= (0.074 \times 3.414 / 207.063) / (1.004 \times 10^{-6})$$
$$= 1215 > 1000$$

可以保证模型的雷诺数在充分发展的紊流区。

模型包括进水量水堰、进水渠、前池、出水控制尾门及回水渠等，模型长约 45m，最大宽度约 5m，占地面积约为 225m^2。

模型用浆砌红砖作边墙，在其内填实河沙，按 2003 年的河道测图塑造河道地形，河床床面用水泥砂浆抹面，以满足糙率相似的要求。

3）模型沙的选取。模型沙的选取由沙玉清公式为：

$$V_{0P} = h_p^{0.2} \sqrt{1.1 \times \frac{(0.7 - \varepsilon)^4}{D} + 0.43 D^{3/4}}$$

式中 ε——孔隙率，一般可取 $\varepsilon = 0.4$。

原体及模型启动流速见表 2.1。

表 2.1   原体及模型启动流速表

序号	h_p/m	h_m/m	$V_{op}/(\mathrm{m/s})$	$V_{om}/(\mathrm{m/s})$	λ_{vo}
1	1.2	0.034	0.664	0.093	7.144
2	2	0.057	0.736	0.097	7.587
3	3	0.086	0.798	0.103	7.748
4	4	0.114	0.845	0.109	7.755
5	5	0.143	0.884	0.115	7.686
6	6	0.171	0.917	0.122	7.514
7	7	0.200	0.945	0.129	7.329
8	8	0.229	0.971	0.137	7.088
9	9	0.257	0.994	0.145	6.856
10	10	0.286	1.015	0.153	6.636

从表 2.1 的计算结果可知，λ_{vo} 与 λ_v 有一定偏离，但基本满足相似要求。

由于石窟河的泥沙资料缺乏，来沙量不清楚，在试验中只能做定床加沙试验，选用广东省水利水电科学研究院配置的焦作精煤作模型沙，取水口河段天然沙平均颗分曲线与模型沙颗分曲线形状基本相近。模型沙启动流速用广东省水利水电科学研究院玻璃水槽试验结果计算：

$$V_{om} = 0.01\mathrm{e}^{(2h_m+2.16)}$$

$$\lambda_{vo} = \frac{V_{op}}{V_{om}}$$

4）模型的率定。根据实测的资料情况，尽量选择比较有代表性的水文组次对模型进行率定（见表 2.2）。

表 2.2   率定水文组次表

组次	时间/（年.月.日时：分）	总流量/（m³/s）	4 号水位/m
1	2004.4.4 11：00	80	59.72
2	2004.4.4 13：28	80	59.42

试验河段有 4 个水位测点，沿河分 5 个断面取了 13 个沙样，原体实测资料可供模型率定用。

水面线的率定是保证模型和原体阻力相似的基础。2 个组次的水面线率定与验证的结果（见表 2.3），可见，模型的沿程水面线和原体实测的水面线基本上吻合较好，差值都在 1cm 以内，认为模型与原体阻力达到较好相似。

表 2.3 模型水位与原体水位的比较表

组次	项目	1 号	2 号	3 号	4 号
1	$Z_{原体}$/m	59.72	59.72	59.72	59.72
	$Z_{模型}$/m	59.72	59.73	59.72	59.73
	差值/m	0	0.01	0	0.01
2	$Z_{原体}$/m	59.50	59.49	59.48	59.46
	$Z_{模型}$/m	59.49	59.49	59.48	59.46
	差值/m	−0.01	0	0	0

注　差值＝$Z_{模型}$－$Z_{原体}$。

综上所述，枯水水文条件下，模型与原体的阻力达较好的相似，可用于方案试验的研究。

2.2.1.5　物理模量试验的水文组次

根据试验任务的要求和所要解决的不同问题的侧重点，试验水文条件主要考虑以下原则：

洪水影响试验水文条件：包括 $P=5\%$、$P=10\%$、$P=20\%$、$P=50\%$ 等洪水，下游水位按相同频率的坝头水电站下游水位控制进行试验。

枯水影响试验水文条件包括：上游按多年年平均流量、坝头水电站最大发电流量、坝头水电站最小发电流量，下游水位按丹竹水电站正常高库水位 59.00m 和降低运用水位 58.50m 及最低运用水位 57.70m 控制。

按上述原则，根据已有的实测资料情况，选取定床模型方案试验的水文组次见表 2.4。

表 2.4

组次	频　率	总流量/(m³/s)	4 号水位/m
1	20 年一遇洪水	3410	65.03
2	10 年一遇洪水	2950	64.34
3	5 年一遇洪水	2470	63.60
4	2 年一遇洪水	1730	62.35
5	多年年平均流量	95.2	59.00
6	多年年平均流量	95.2	58.50
7	实测流量	80	59.19
8	实测流量	80	59.00
9	坝头水电站满发发电流量	288.6	59.00
10	坝头水电站满发发电流量	288.6	57.70
11	坝头水电站最小发电流量	60	59.00
12	坝头水电站最小发电流量	60	57.70
13		312	59.00
14		312	58.50

2.2.1.6　物模试验的研究成果

（1）原设计的取水防沙措施布置方案。将补给水泵房设在大堤内，将 4 条引水涵管伸向大堤外，与大堤的二级平台齐平，取水口进口底高程设为 56.50m，在取水口外设一拦沙坎，拦沙坎近岸圆弧段顶高程设为 59.00m，其余部分拦沙坎顶高程均为 58.00m，拦沙坎内将开挖一条底高程为 56.50m、宽 13m 的引水沟，有利于取水口引水。

试验结果显示：在各种水文组合下，水流都能平顺下泄，拦沙坎外由上游往下游的沿程底流速变化不大。因此，洪水期上游带下来的推移质泥沙，都可沿拦沙坎排往下游，不会在坎前造成淤积。但由于取水口为一个人工弯道，在拐弯处形成一个回流区，洪水期上游带来的漂浮物及悬移质泥沙容易在该处落淤，造成取水口堵塞，不能满足保证取水安全的要求。

（2）防导沙底墙工程措施布置方案一。方案二补给水泵房设在堤外，4根引水箱涵穿过大堤，伸向大堤的二级平台外河道内，离河堤的二级平台约12～15m，在取水口上游侧设置一个长6m与引水箱涵迎水面齐平的导墙，取水口外侧开挖至高程56.50m与河床衔接，并在离取水口约3.5m外设4个长4m、高0.70m的导沙底墙。

导沙底墙是一种航道整治中较为常用的导沙工程措施，对单个个体而言，其实际上是一座潜坝，通过多个坝体的有序排列组合形成底墙，可以较好地改变推移质输沙带的运动方向。其原理与波达波夫导流墙类似，都是通过将导流墙设置与水流斜交，导引水流改变流向，与纵向水流配合，在较大范围内产生螺旋流，使表面水流导向引水口，而将底流导离引水口，从而改变底沙的运动方向，实现引水防沙的目的。

底墙布设得当与否，主要与墙体和水流的交角、墙体长度、厚度、高度、墙体之间的间距等有关，由于其形成的螺旋流及泥沙运动较为复杂，难以用常规的仪器定量测量并优选。因此，只能够通过观测流态及定床加沙，比较不同底墙布设的角度、墙体长度、厚度、高度、墙体之间的间距所形成的螺旋流的强弱，优选并确定底墙的布设方案。

通过反复试验比较，调整墙体方向、长度、厚度、高度、墙体之间的间距，使水流在绕过墙体时产生了较强的螺旋流，定床加沙的试验观察，也显示了其具有明显的导沙效果。但引水箱涵的迎水面与纵向水流有一个交角，引水涵管上游侧离岸边较近，距河道的主流线较远，水流动力稍弱，不利于推移质的向下游输移。

（3）防导沙底墙工程措施布置方案二。进一步的试验观察显示：引水箱涵的迎水面，若与纵向水流方向平行，纵向水流的水流动力与导沙底墙共同作用，产生更强的螺旋流。引水箱涵往河中延伸，可使取水口前沿与河床水流动力轴线更为贴近，引水箱涵的迎水面与底墙之间合理的间距，在纵向较强的水流动力作用下，有利于保证引水箱涵进口前不产生泥沙淤积。试验观察还显示：将引水箱涵上游侧的导流墙向岸边平行退后1.5m，利用引水箱涵上游侧侧墙形成绕流，加强水流向底墙方向的动力，进一步加强螺旋流的强度，更有利将底沙顺底墙方向导向河床中部。此外，为了更有利于引水口前泥沙往下游输移，防止底沙进入引水箱涵，方案二在引水箱涵进口设置了槽钢型拦沙坎，拦沙坎在拦取底沙和临底悬沙的同时，在坎前形成次生螺旋流把泥沙带往下游。此外，考虑拦沙坎的设置，将引水箱涵底高程调整至57.00m，拦沙坎顶高程设为57.50m。尽管山区河流的泥沙以推移质为主，但洪水期也不可避免有部分的悬移质泥沙会随电厂取水进入引水箱涵内，为了便于日后的清淤维护，建议将取水头部设置检修闸门，在河堤的二级平台处在涵管顶部设置1.50m×2.4m的检修进人孔，以便将来可从进人孔进入引水箱涵清淤维护。不同方案试验见图2.7～图2.11。

图2.7　方案三底墙形成的螺旋流

图2.8　方案三底墙形成的螺旋流

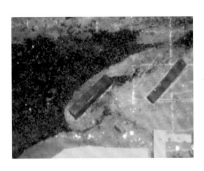

图2.9　方案三底墙形成的螺旋流

底沙沿底墙的方向在螺旋流的作用下能顺利地往下游输移，取水口前不会形成泥沙淤积，取水口前拦沙坎可将底沙及临底悬沙拦在坎前，并被坎前形成的次生螺旋流带往下游。该方案的工程措施达到了较好的拦防沙作用。

图 2.10　方案三的防沙效果　　　图 2.11　方案三的防沙效果

2.2.1.7　数学模型计算研究成果

工程上导沙底墙的布置既要考虑导沙效果，同时又不能影响引水效率，需要慎重选择。底墙布设得当与否，主要与墙体和水流的交角、墙体长度、厚度、高度、墙体之间的间距等有关，由于其附近水流和泥沙运动十分复杂，呈明显的三维特征，其形成的螺旋流本身有很强的瞬时性，对于其防沙效果目前主要采用物理模型研究。而物理模型实验受现有仪器的局限，并不能准确地将螺旋流的强度等特征值测量出来，难以进行定量分析并优选，只能够通过观测流态及定床加沙，比较不同底墙布设的角度、墙体长度、厚度、高度、墙体之间的间距所形成的螺旋流的强弱，对其进行定性分析，优选并确定底墙的布设方案。因此，物理模型研究一般情况下周期较长，费用较高，只针对特定工程，缺乏普遍意义。

与物理模型试验相比，采用数值模拟手段对其进行研究费用低且无比尺效应，可以进行无触流场测量。同时，消除物理模型试验中仪器精度及模型变形等因素对流场的影响，还可以获得较为详细的流场信息等优点。目前，关于取水附近水沙运动的三维数值模拟研究还不多见，尤其是对于各种引水导沙建筑物共存的实际工程的三维模拟更加鲜见，而关于导沙底墙导沙效果数值模拟研究尚未见到相关报道。因此，建立具有普遍意义的数学模型，缩短研究周期，为工程建设提供依据，具有重大的现实意义。同时，对其他水工建筑物的水沙数值模拟研究也有较大的借鉴意义。

（1）研究方法以及技术路线。为了缩短研究周期，基于现有的较成熟的 CFD 平台，采用软件计算建模计算 Sediment Simulation In Intakes with Multiblock option（简称 SSIIM）。由挪威科技和自然大学（Norwegian University of Science and Technology）Olsen 等人开发[9]，主要应用于河流和水工建筑物等的水流泥沙三维数值模拟。它基于有限体积法，采用 SIMPLE 分离算法求解雷诺平均的 $N-S$ 方程，采用 $k-\varepsilon$ 湍流模型对其进行封闭。泥沙模块求解悬沙对流扩散方程，采用 Rijn 公式确定床面边界。同时，模型还包含了水质计算模块。

SSIIM 作为用于河流和水工建筑物数值模拟研究的专业开放软件，可以实现天然河道上水工建筑物如取水口、丁坝、桥墩等附近的三维模拟。它通过 Outblock 设置将流动区域内的部分网格确定为实体来描述河流内的水工建筑物；还可以指定特定区域的流量，用于取、排水口的模拟。

当然，SSIIM 仅作为一个用于科研和教学的开放软件，其功能单一，稳定性也有待验证。同时 SSIIM 采用分块结构网格，处理复杂水工建筑物的能力一般，其前处理和后处理功能也较弱。

导沙底墙防法效果数值模研究技术路线见图 2.12，首先根据采集的实际河道地形资料，制作软件可识别的地形文件。综合拟建建筑物的走向、分布特点以及计算量，设计网格走向和密度，并采用 Delft-3D 软件画网格。编写计算参数文件，包括流量、水位、糙率、网格垂向分层，建筑物分布，方程离散方法等信息。根据已有物理模型资料，对特定组次工况进行计算，分别对其水位和流速进行验证。计算导沙底墙附近的水流，分析螺旋流的分布，强度等，对其导沙效果做出评价，并对不同导沙底墙布置方案进行比选研究。最后整理计算成果，编写报告。

在设计工况及不同的水文组合条件下，对取水口附近河段水流进行计算；采用现场实测和定床河工物理模型试验结果对数学模型进行验证；对不同防沙工程方案计算结果进行定量对比分析研究。

石窟河为山区河流，山区河流的泥沙问题一般都以推移质为主。因此，取水口的引水防沙问题主要是防止推移质泥沙在取水口前淤积及进入泵房。

根据物理模型试验提出的方案，将补给水泵房设在堤外，4 根引水箱涵穿过大堤，伸向大堤的二级平台外河道内，离河堤的二级平台 12～15m，在取水口上游侧设置导流墙，取水口外侧高程开挖至与河床衔接，并在离取水口外布置若干个长 4m、高 0.70m 的导沙底墙。

不同的导沙底墙的布置方式对水流的引导作用有差异，产生不同的导沙效果。物理模型提出了两个方案进行比选试验，布置方式分别见图 2.13 和图 2.14。

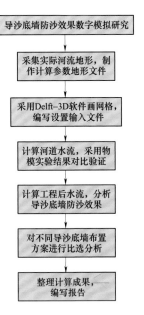

图 2.12　导沙底墙防沙效果数值模研究技术路线图

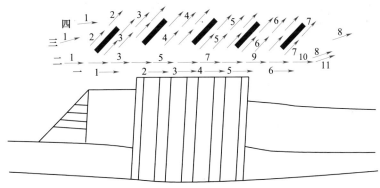

图 2.13　方案一平面布置和测流断面分布图

一～四—测流断面；1～11—测流点

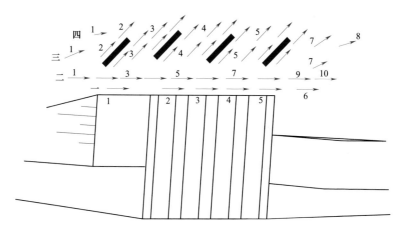

图 2.14　方案二平面布置和测流断面分布图

一～四—测流断面；1～10—测流点

（2）数学模型方法。

1）控制方程。水力学计算采用常密度不可压缩雷诺平均
$N-S$ 方程，方程可以表示为：

$$\frac{\partial U_i}{\partial t} + U_j \frac{\partial U_i}{\partial x_j} = \frac{1}{\rho} \frac{\partial}{\partial x_j}(-P\delta_{ij} - \rho \overline{u_i u_j}) \qquad (2.1)$$

式（2.1）左侧第一项为瞬态项，第二项为对流项，右侧第
一项表示压力项，第二项为雷诺剪力项。雷诺剪力项需要采用湍
流模型进行封闭。

根据 Boussinesq 提出的涡黏假定，建立了雷诺应力与平均
速度梯度的关系：

$$-\overline{u_i u_j} = \nu_T \left(\frac{\partial U_j}{\partial x_i} + \frac{\partial U_i}{\partial x_j} \right) + \frac{2}{3} k\delta_{ij} \qquad (2.2)$$

式（2.2）中 ν_T 为涡黏系数，$\nu_T = C_\mu \dfrac{k}{\varepsilon^2}$，湍流能 $k = \dfrac{1}{2}\overline{u_i u_j}$。

$k-\varepsilon$ 紊流模型方程表示为：

$$\frac{\partial k}{\partial t} + U_j \frac{\partial k}{\partial x_j} = \frac{\partial}{\partial x_j}\left(\frac{\nu_T}{\sigma_k} \frac{\partial k}{\partial x_j} \right) + P_k - \varepsilon \qquad (2.3)$$

$$\frac{\partial \varepsilon}{\partial t} + U_j \frac{\partial \varepsilon}{\partial x_j} = \frac{\partial}{\partial x_j}\left(\frac{\nu_T}{\sigma_\varepsilon} \frac{\partial \varepsilon}{\partial x_j}\right) + C_{\varepsilon 1} \frac{\varepsilon}{k} P_k + C_{\varepsilon 2} \frac{\varepsilon^2}{k} \quad (2.4)$$

$$P_k = \nu_T \frac{\partial U_j}{\partial x_i}\left(\frac{\partial U_j}{\partial x_i} + \frac{\partial U_i}{\partial x_j}\right)$$

其他模型常数取值为：$C_{\varepsilon 1} = 1.44$、$C_{\varepsilon 2} = 1.92$、$C_\mu = 0.09$、$\sigma_T = 1.0$、$\sigma_\varepsilon = 1.3$。

由于靠近床面近壁区的速度梯度很大，直接模拟需要将网格划分得十分细，耗费大量的计算时间。可以首先根据经验公式确定近壁处的流速剖面，称为壁面函数法。对于与壁面相邻的网格，采用壁面函数将壁面的物理量和主流区的物理量联系起来。比如可以根据主流区的流速计算壁面的剪力，而该剪力又可以应用于动量方程计算。

本文采用 Schlichting（1979）的经验公式：

$$\frac{U}{u_x} = \frac{1}{\kappa}\ln\left(\frac{30 y}{k_s}\right) \quad (2.5)$$

式中　　u_x——床面剪切速度；

　　　κ——卡门常数，一般取值 0.4；

　　　y——网格中心到壁面的距离；

　　　k_s——床面泥沙粒径。

2）数值解法。采用有限体积法对方程进行离散，采用 SIMPLE 分离求解算法对压力进行修正，对流项采用二阶迎风格式离散。

3）边界条件。

a. 上游边界给定进口流量。

b. 下游边界给定出口流量和水位。

c. 取水口边界根据取水量，在一定区域给定出口流量。

d. 自由水面边界可以根据刚盖假定，所有变量梯度等于 0。

e. 床面边界采用不透水不可滑动边界，床面剪力根据用壁面函数法计算。

f. 导沙底墙和取水口等水工建筑物表面设置为不过水壁面，

内部网格的流速始终为 0。

4）初始条件。开始计算时，初始水位由床面糙率和出口水位计算，初始流速设为 0。

（3）计算网格。为了便于对计算结果对比分析，对于河道中有无建筑物的情况均采用同一网格。由于水工建筑物的存在，需要对工程区附近网格进行加密。采用的计算网格见图 2.15。平面网格数量为 256×91 个。图 2.15（a）为整个计算区域的网格划分情况，图 2.15（b）为工程区细部网格，其网格走向布置与水工建筑物分布一致。图 2.15 中黄色为取水口，平面划分 38×16 个网格；绿色为导流墙，划分 27×13 个网格；红色为导沙底墙，划分 2×8 个网格。垂向划分 10 层，根据各个建筑物的高程设置各层层高。其中导沙底墙划分三层，而取水口和导流墙根据顶部高程与水位比较决定占用的层数以及层高。计算时，如果考虑建筑物存在的情况，则只需将该区域设定为不过水的固壁区域。

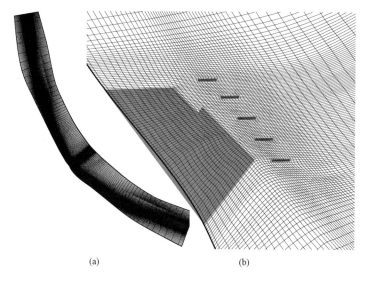

(a)　　　　　　　　　　(b)

图 2.15　河道平面整体及细部网格布置图

（4）模型验证。

1）水位验证。采用2004年4月的两个实测水文组次（表）资料对模型进行验证，河段有4个水位测点。计算时，整个河道的糙率均取0.04。

两个组次计算水位和实测水位比较见表2.5，由表2.5可见各测点计算水位和实测误差在0.01m以内，基本吻合。

表2.5　　　　　　　　　计算水位与实测水位比较表

组次	项目	1号	2号	3号	4号
1	$Z_{实测}$/m	59.72	59.72	59.72	59.72
	$Z_{计算}$/m	59.73	59.72	59.72	59.72
	差值/m	0.01	0	0	0
2	$Z_{实测}$/m	59.50	59.49	59.48	59.46
	$Z_{计算}$/m	59.50	59.48	59.47	59.46
	差值/m	0	−0.01	−0.01	0

注　差值＝$Z_{计算}$－$Z_{实测}$。

图2.16为两个组次的河道水位分布图。由于上游较窄，水深较浅，下游接近河口处逐渐变宽变深，因此上游水位比降比下游大。

2）三维河道流速验证。为了对数学模型进行验证，首先计算天然河道的水流，并与物理模型测量结果进行对比验证。

选用组次13，上游流量312.0m³/s，下游水位59.00m的情况进行模拟。提取计算得到的各测流断面表层和底层流速，并与实测流速进行对比。

各条测流断面计算流速和实测比较见图2.17。由图2.17可见，测流剖面大部分计算结果与物理模型测量结果吻合，部分有一定差异。差异主要分布于岸线两侧，这是由于计算过程对河岸边界进行了一定的简化处理，与实际多少会存在差异；同时，物理模型水深较浅，测量过程中不可避免存在一定误差。

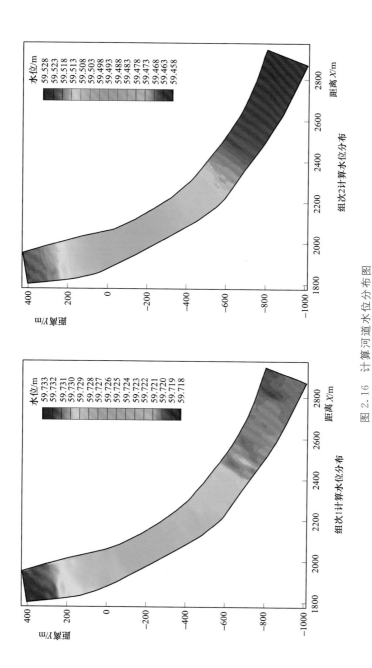

图 2.16 计算河道水位分布图

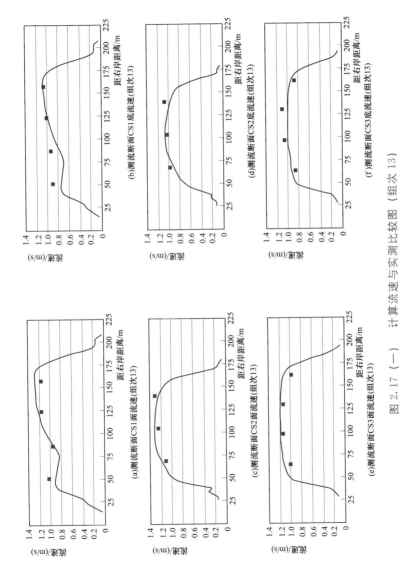

图 2.17（一） 计算流速与实测比较图（组次 13）

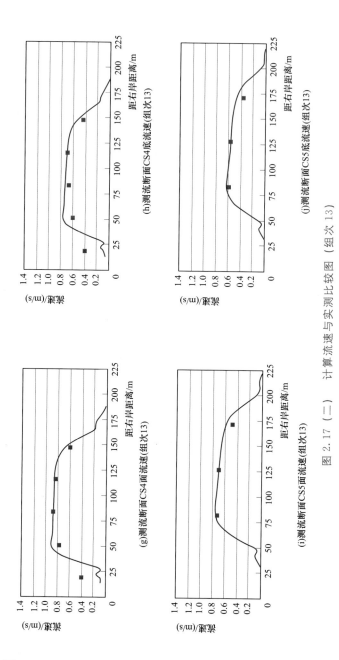

图 2.17（二）　计算流速与实测比较图（组次 13）

在测流剖面处对河道进行剖切，得到的各测流剖面流速剖面分布见图 2.18（垂向比例放大 10 倍）。各个剖面的流速最大值基本上处于剖面水深最大处上方，主流方向大致与河道深泓线重合。计算河段为一个约 90°的弯道，受到弯道影响，河道深泓线从上游的靠近左岸慢慢转向右岸。由于下游水深较上游大，因此流速比上游小。

模拟结果表明，计算结果能够真实的反应河道整体的实际流态，所建立的数学模型适合于天然河道水流流场的三维数值模拟。

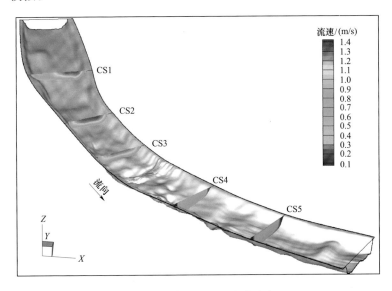

图 2.18　计算测流剖面流速分布图

3）河道及工程区附近流速验证。不同的导沙底墙的布置方式对水流的引导作用有差异，产生不同的导沙效果。物理模型试验提出了两个比选方案。

选用组次 3，上游流量 2470m³/s，下游水位 63.60m 的工况，分别对两个方案进行计算，各个测流断面的计算流速和实测比较见图 2.19。

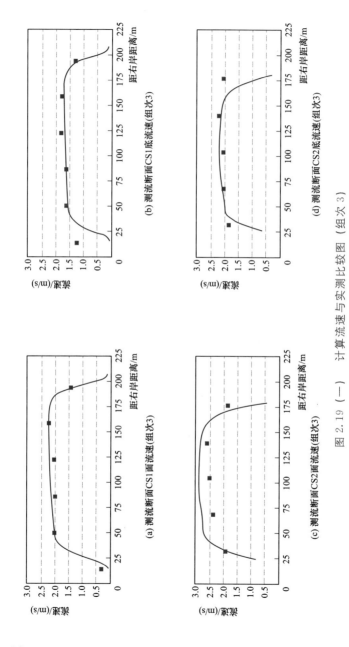

图 2.19（一） 计算流速与实测比较图（组次 3）

(a) 测流断面CS1面流速(组次3)

(b) 测流断面CS1底流速(组次3)

(c) 测流断面CS2面流速(组次3)

(d) 测流断面CS2底流速(组次3)

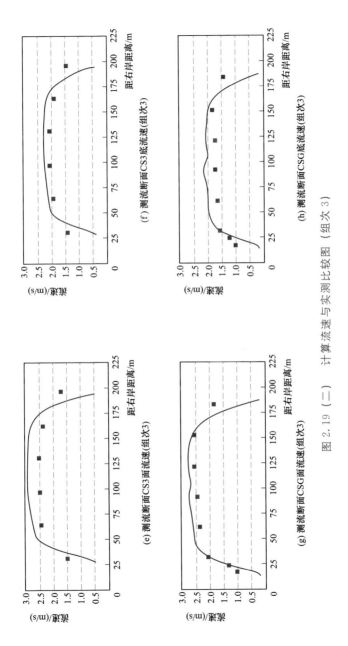

图 2.19 (二) 计算流速与实测比较图 (组次 3)

(e) 测流断面CS3面流速(组次3)

(f) 测流断面CS3底流速(组次3)

(g) 测流断面CSG面流速(组次3)

(h) 测流断面CSG底流速(组次3)

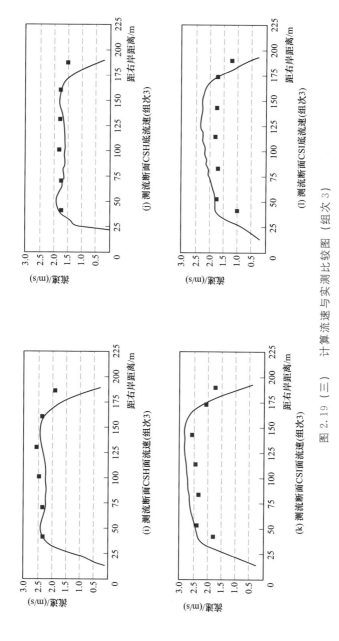

(i) 测流断面CSH面流速(组次3)

(j) 测流断面CSI面流速(组次3)

(i) 测流断面CSH底流速(组次3)

(l) 测流断面CSI底流速(组次3)

图 2.19（三）　计算流速与实测比较图（组次 3）

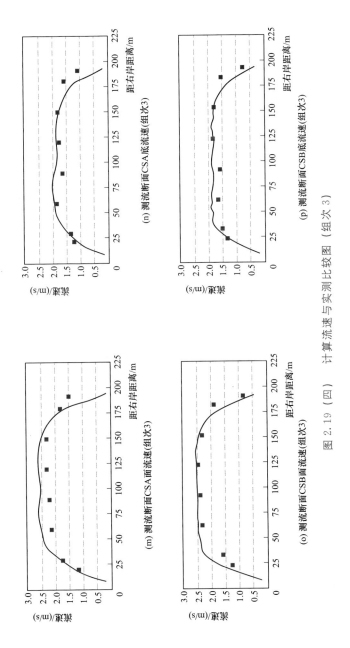

图 2.19（四）　计算流速与实测比较图（组次 3）

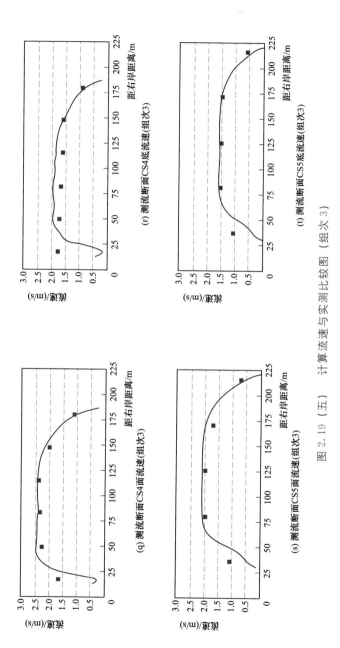

(q) 测流断面CS4面流速(组次3)

(r) 测流断面CS4底流速(组次3)

(s) 测流断面CS5面流速(组次3)

(t) 测流断面CS5底流速(组次3)

图 2.19（五） 计算流速与实测比较图（组次 3）

由图 2.19 可知，两个方案的差异主要体现在改变取水口前端水流流态，对远离工程区的水流影响差异很小。因此，对比图 2.19 中只显示了方案一的结果。通过比较可见，测流剖面河道中间中心计算流速与物理模型测量结果吻合较，河道两侧结果有一定差异，这与上一节天然河道时的结果类似。这主要是由于本次计算水位已经超过河道二级防洪堤，而前面处理过程中对两侧河堤边界进行了一定的简化处理，难免与物理模型存在一定差异；同时，物理模型试验流速测量过程中不可避免存在一定误差。

4）取水口附近流速验证（方案一）。物理模型试验中对取水口前端导沙底墙附近的底流速进行了测量，得到的底部计算和实测流速分布见图 2.20。图 2.20 中方形小框表示物理模型试验测点位置，框内颜色表示实测流速，从中可以看出其实测流速的分布规律：①测流断面二处于取水口和导沙底墙之间的主流区，流速大于测流断面一；②对比测流断面三和断面四可以看出，导沙底墙靠近取水口一侧流速大于靠近河中心一侧；③从上游往下第二和第三个导沙底墙之间的底流速最大，这是因为导流墙与引水箱涵迎流侧共同作用形成绕流的结果。

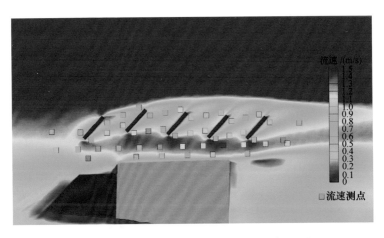

图 2.20　底部计算和实测流速分布图（方案一）

计算结果显示：由于导沙底墙和导流墙的束水作用，取水口前沿的水流流速较大，有利于防止引水箱涵前沿预计；引水箱涵流速等值线呈藕节状分布，这是导沙底墙交替束流作用的结果；导沙底墙的迎流端流速大于靠近河中心一侧，这与实测结果的规律吻合；由于导流墙和引水箱涵迎流端的导流作用，第二和第三个底墙之间的底流速最大，这与实测结果一致。

图 2.20 中的测流点附近颜色和方框内填充的颜色越接近，则表示计算结果和实测值越吻合。图 2.20 中可以看出计算结果和实测的变化趋势基本一致，但部分区域计算结果和实测有差异。差异较大的区域主要分布于引水箱涵前沿区域，测流断面一和断面二流速较实测偏大。

流速测点实测流速与计算流速比较（方案一）见表 2.6。

表 2.6　　流速测点实测流速与计算流速比较表（方案一）

测流断面	测　点	实测值/（m/s）	计算值/（m/s）	误差/%
一	1	1.26	0.97	22.85
	2	0.28	0.94	234.51
	3	0.48	0.99	105.99
	4	0.81	1.08	33.86
	5	1.03	1.19	15.07
	6	0.85	1.13	32.64
二	1	1.01	1.00	0.92
	2	0.92	1.12	21.73
	3	1.21	1.22	0.70
	4	0.82	1.27	54.53
	5	0.53	1.30	145.24
	6	1.24	1.31	5.36
	7	1.12	1.36	21.10
	8	1.07	1.33	24.65

测流断面	测 点		实测值/(m/s)	计算值/(m/s)	误差/%
二	9		1.44	1.38	3.91
	10		1.11	1.34	20.38
	11		1.16	1.31	12.96
	12		1.16	1.24	7.03
三	1		1.06	1.24	17.14
	2		0.84	0.87	3.48
	3	左	0.73	1.07	46.74
		中	1.04	0.97	6.83
		右	1.04	0.78	25.26
	4	左	1.10	1.19	8.14
		中	1.23	1.16	5.86
		右	1.18	0.99	16.13
	5	左	0.71	1.14	60.90
		中	1.07	1.11	3.91
		右	1.08	1.00	7.11
	6	左	0.86	1.13	31.05
		中	1.06	1.10	3.91
		右	1.04	0.99	4.97
	7		0.93	1.21	30.23
	8		1.25	1.26	0.50
四	1		1.18	1.24	5.22
	2		0.85	0.87	2.27
	3	左	0.53	0.34	36.75
		中	0.64	0.38	40.90
		右	0.71	0.87	22.48
	4	左	0.76	0.56	26.55
		中	0.67	0.66	1.44
		右	1.10	0.90	17.88

测流断面	测点		实测值/(m/s)	计算值/(m/s)	误差/%
四	5	左	0.32	0.41	27.37
		中	0.40	0.68	70.29
		右	0.98	0.97	0.69
	6	左	0.33	0.39	17.00
		中	0.79	0.67	15.09
		右	1.00	0.91	9.11
	7		0.34	0.39	15.78
	8		0.65	0.92	41.12

注 误差＝｜实测值－计算值｜/实测值×100%。

由表 2.6 可知测流点计算值和实测值对比,75%的测点的计算流速和实测结果误差小于 25%。但也有一部分结果和实测差别较大。误差主要由三部分产生:①物理模型试验中对取水口附近的流速场进行测量时,受当时测量仪器限制,并不能准确地将螺旋流的强度等特征测量出来;同时,紊流流场具有瞬态性,测量得到的流速场只能作为参考。②计算采用稳态方程,不包括时间项,但计算过程中发现,在取水口附近流速有一定幅度摆动,显示了在取水口附近有瞬态波动特征。因此,计算得到的流场也具有瞬态性。③计算时对地形的概化和物理模型难免有偏差,底流速受河床地形影响很大。同时,网格布置也会对计算结果产生一定影响。

5)取水口附近流速验证(方案二)。方案二实测底流速分布见图 2.21,框内的颜色表示实测的流速大小。从实测结果来看,测线二的流速最大,测线一次之,测线三和测线四受到导沙底墙掩护流速较小。测线一和测线二从上游往下逐渐增大,同时导流底墙之间的流速从上游往下也逐渐变大。

计算结果显示:取水口前端流速沿水流运动方向总体而言逐渐增大,这与实测结果吻合;流速等值线平面上呈藕节状分布,

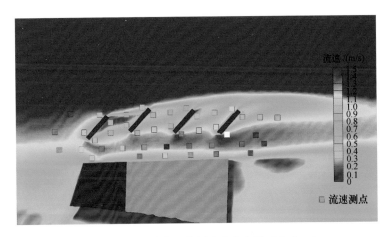

图 2.21 底部计算和实测流速分布图（方案二）

导沙底墙前端流速最大；取水口前沿底流速明显大于导流底墙之间的流速，这与实测结果一致；从上游往下，第一个导流底墙和第二个导流底墙之间的底流速最小，第二和第三之间稍大，第三和第四之间的流速最大，其变化趋势和实测一致。计算结果和实测的变化趋势基本吻合，部分点误差较大。测流断面一计算结果偏小，测流断面二计算结果偏大（见表2.7）。

表 2.7　　　流速测点实测流速与计算流速比较（方案二）

测流断面	测　点	实测值/（m/s）	计算值/（m/s）	误差/%
一	1	1.06	0.97	8.88
	2	1.30	0.89	31.90
	3	1.07	0.90	15.76
	4	1.24	0.98	21.10
	5	1.29	1.06	17.91
	6	1.34	1.01	24.62
二	1	1.21	1.04	14.32
	2	1.10	1.09	1.17

测流断面	测点		实测值/(m/s)	计算值/(m/s)	误差/%
二	3		1.29	1.30	1.14
	4		1.05	1.24	17.70
	5		1.24	1.22	1.90
	6		1.44	1.21	15.68
	7		1.31	1.26	4.08
	8		1.29	1.28	0.67
	9		1.32	1.30	1.24
	10		1.41	1.27	10.16
三	1		1.28	1.27	0.79
	2		1.05	0.83	20.83
	3	左	0.36	0.92	156.72
		中	0.58	0.75	29.86
		右	0.36	0.42	16.16
	4	左	1.18	1.06	10.42
		中	1.05	1.06	1.31
		右	0.87	0.91	4.94
	5	左	1.27	1.23	3.54
		中	1.06	1.16	9.45
		右	1.10	0.99	10.23
	6		0.79	1.32	66.47
	7		1.44	1.32	8.24
四	1		1.38	1.40	1.43
	2		1.02	1.20	17.29
	3	左	0.46	0.15	68.45
		中	0.89	0.36	60.01
		右	1.01	1.15	13.50
	4	左	0.54	0.35	35.70
		中	0.68	0.47	31.52
		右	0.80	0.76	5.49

测流断面	测点		实测值/(m/s)	计算值/(m/s)	误差/%
四	5	左	0.39	0.34	12.55
		中	0.47	0.59	26.55
		右	1.11	0.99	11.13
	6		0.48	0.44	9.32
	7		0.50	0.88	76.76
	8		1.18	1.03	12.94

注 误差＝｜实测值－计算值｜/实测值×100％。

方案一计算结果类似，超过75％的流速和实测结果误差小于25％，但也有一部分结果误差较大，其中的原因和之前分析类似，这里不再重述。

总结两个方案的计算结果与实测的对比分析可见：数学模型能很好地描述天然河道三维水流流态；计算得到的取水口附近的底流速和实测的分布特征基本吻合，表明本文建立的数学模型可以用于刻画复杂的水工建筑物附近的流态；同时，由于地形概化差异等原因，部分结果与实测存在较大误差，但对工程应用仍有较大的参考价值。

（5）导沙底墙导沙效果分析及方案比选。由于物理模型实验受仪器限制，并不能对导沙底墙附近流态进行详尽的测量，难以定量对导沙底墙导沙效果进行评估。而上一节通过实测流速和计算结果的对比验证，表明本文建立的模型是有效的。因此，可以利用数学模型的优势，分析取水口附近流态，评估其导沙效果，对不同底墙布置方案进行比选研究。

两个方案计算得到的底层流速（绿色）和表层流速（蓝色）分布见图2.22和图2.23。从图2.22和图2.23可以看出，表层水流流向与岸线平行，且越靠近河中心流速越大。引水箱涵前沿的底部水流流向保持与引水箱涵迎流面平行，且流速较大，有利于防止泥沙在前沿区域淤积。导沙底墙之间的底层水流受导沙底墙阻碍作用影响，流向逐渐改变至与导沙底墙平行并指向河中心，从而可以将底部含沙量较高的水流导离取水口。物理模型定床加沙试验也表明，两个方案显示导沙底墙均能产生较强的螺旋流，具有明显的导沙效果。

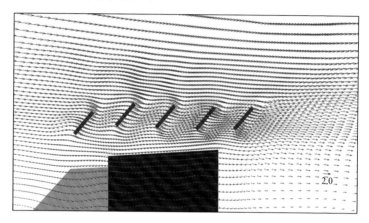

图 2.22 表层和底层流速图（方案一）

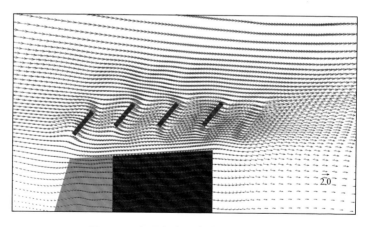

图 2.23 表层和底层流速图（方案二）

图 2.22 和图 2.23 分别为组次 3 工况条件下两个方案计算得到的导沙底墙附近的流线图，从图 2.22 和图 2.23 中可以看出，

导沙底墙之间的底流指向河中心，导沙底墙背流面形成墙后螺旋流，强度沿程逐渐增大，将底沙导离取水口，在导沙底墙顶部和下游端部周围形成大范围的螺旋流，使得上层清水折向取水口。

图 2.24 是方案一物理模型试验中染色水的运动流态照片，与图 2.25 流线图进行对比可以看出，计算得到的螺旋流流态与物理模型十分吻合。

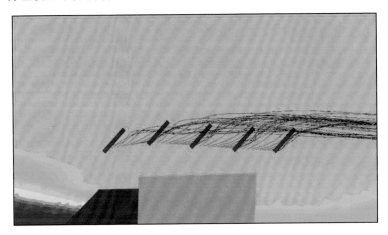

图 2.24 导沙底墙附近流线图（方案一）

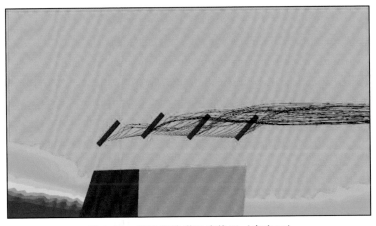

图 2.25 导沙底墙附近流线图（方案二）

导沙底墙附近流态见图 2.26

图 2.26　导沙底墙附近流态图（方案一）

导沙底墙产生的螺旋流强度决定了其导沙能力，因此，有必要进一步对螺旋流的分布和强度进行分析。螺旋流的强度可以用螺旋度（Helicity）表示。螺旋度定义为旋度与流速矢量的标量积，其表达式为：

$$H = (\nabla \times \vec{V})\vec{V}$$

式中　$\vec{V}$——流速矢量。

水流中螺旋度的大小表示流体单元沿流线运动时的旋转强度，正负表示旋转方向，根据右手螺旋定则确定。螺旋度可以定量反映导沙底墙附近螺旋流的强度及分布情况。

在导沙底墙顶部高程处做一个剖面，画出该剖面的螺旋度分布图见图 2.27 和图 2.28。两幅图均显示在导沙底墙上游端背流侧螺旋度最大，并沿着与导沙底墙成 30°夹角方向减小。方案一各个导沙底墙之间螺旋度比较接近，第二个导沙底墙背流面的螺旋度最大，而方案二则沿程逐渐增大。方案一前两个导沙底墙的螺旋度大于方案二，这是因为方案一较方案二导流墙向岸边平行后退了 1.5m，利用引水箱涵的迎流面形成绕流，加强了水流向底墙方向的动力，增强前两个底墙的螺旋流。同时，方案一调整了后面三个导沙底墙和引水箱涵的间距，使得引水箱涵前沿保持了较强的水动力条件。因此，方案一更有利于底沙顺着底墙方向导向河中心。

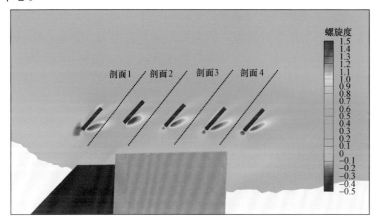

图 2.27　导沙底墙顶部剖面螺旋度分布（方案一）

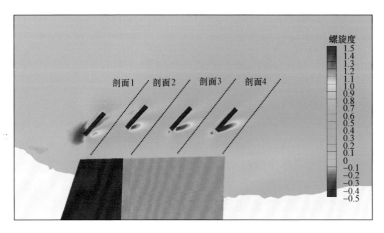

图 2.28　导沙底墙顶部剖面螺旋度分布（方案二）

　　分别在相邻导沙底墙中间做剖切，得到的其剖面螺旋度分布情况，并将流速矢量垂直投影到这个剖面上，可以得到其螺旋流场分布见图 2.29。从图 2.29 中黄色物体表示引水涵洞，而虚线匡则标识了导沙底墙的大致位置。由图 2.29 可见：在导沙底墙靠近引水涵洞一侧螺旋度较大，同时由流矢投影图可以清楚地看到在导沙底墙顶部高程处存在螺旋流场，其下部水流指向河中心，上部水流指向引水涵洞。比较两个方案剖面图，同样可以看到方案一的剖面 1 和剖面 2 的螺旋度大于方案二。方案一中引水箱涵迎水面与底墙之间的距离沿程逐渐减小，增强引水箱涵前沿的水动力，有利于保证引水箱涵进口前不产生淤积（见图 2.29）。

从图 2.29 中计算结果的分析可以看出，在取水口前端布置导沙底墙，改变了取水口前沿底流流向，并在导沙底墙底部高程出产生螺旋流，可以有效地起到引水导沙的效果。通过两个方案产生螺旋度的对比可以看出，两个方案均能产生螺旋流，具有明显的导沙效果；方案一利用导流墙后退产生绕流。同时，调整了引水箱涵与导沙底墙间距，加强了引水箱涵前沿的水动力，较方案二能够产生更强的螺旋流，布置更合理，能产生更好的导沙效果。

2.2.2 典型工程二

淡澳分洪河道进口河工试验研究是广东省水利水电科学研究院较早利用防导沙墙技术解决分流河口淤积问题的典型研究，研究提出的双拦沙坎加进口左翼鱼嘴设计的方案科学合理，工程经多年实践检验，效果较好。

2.2.2.1 工程概况

淡水河源于深圳市的坪山和惠阳县的秋长境内，向北流经淡水、永湖至马安附近汇入西枝江。自淡水镇至西枝江汇入口河长约 30km，河道形态具有平原河道的特征；而径流主要来源于流域境内 741km² 的降雨产流，具有山区河道的特点，枯水期流量甚小，而每至夏天上游山洪暴发，水位陡涨，沿河两岸几乎变为洪泛区。以淡水镇为例，分洪前每年夏天常常受淹，街道上水平均 1～2m 深，给人民生命财产造成较大损失，并限制当地的生产及城市建设的发展。因此，1949 年以前，淡澳分洪工程已提到当地政府的议事日程上来，即规划从淡水镇至澳头南海大亚湾开挖一条约 14km 的人工分洪河道，以减轻淡水河上、下游的防洪压力。直至 1975 年淡澳分洪工程才开始动工，1978 年初步开

(a) 剖面1(方案一)

(b) 剖面1(方案二)

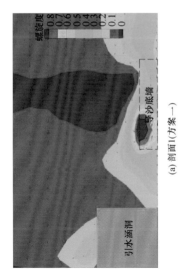

(c) 剖面2(方案一)

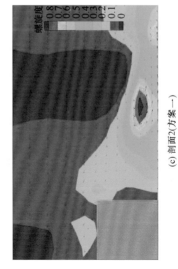

(d) 剖面2(方案二)

图 2.29 （一） 各剖面螺旋流分布图

53

(e) 剖面3(方案一)

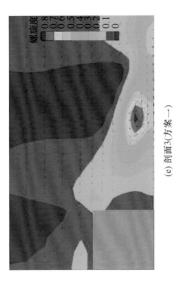

(f) 剖面3(方案二)

(g) 剖面4(方案一)

(h) 剖面4(方案二)

图 2.29 （二） 各剖面螺旋流分布图

通；但由于多种原因限制，工程一直都未能完善并发挥其防洪效益。

随着改革开放的深入和当地经济的发展，尤其是惠阳县县城迁至淡水镇后，城市发展规划和工商业发展急需解决淡水河的防洪问题，惠阳县政府高瞻远瞩，充分利用改革开放的政策，把淡澳分洪工程当作完善基础设施和创造良好投资环境的大事来抓，投资上亿元重新建设淡澳河工程，1993年全线开通，并显示了巨大的防洪效益。

规划的淡澳河进口位于淡水镇城北，淡水河淡水镇弯道段（见图2.30），进口段进口河底高程13.00m，河底纵比降设计为1/4000，设计最大分洪流量为600m³/s。考虑分洪、城市污水排放及市容美化的需要，分洪河道断面设计为复式断面，河底宽38.5m，两侧为2.4m×2.55m的排污箱涵，设计排污流量为7.0m³/s，河道边坡为1：1.5，用浆砌水泥块护坡，沿河两岸规

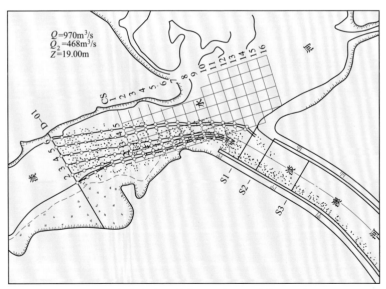

图2.30 淡澳分洪河道进口及底沙运动轨迹示意图

1～16—模型断面号

划宽 30m 的街道，高程 20.50m。由于淡水河枯季常水位约为 12.4m 左右，为防止淡澳河河水流干露底，拟在进口设水陂一座，陂顶高程 13.70m，下游相应设水力自控门一座，保持沿街河道常年有水，美化城市环境。

淡澳河 1993 年全线贯通后，当年共分洪 6 次，取得较明显的防洪效益；但由于工程尚未配套完善，过流后也存在较多的问题。以 1993 年 9 月台风降雨形成的洪水为例，淡水河流量约 1000m³/s，淡澳河分洪流量约为 480m³/s（上游水位比分洪前降低 1.5m 左右），进口段水流冲刷及泥沙淤积即显露较为严重，进口左岸受冲刷崩岸，排污箱涵底被淘刷悬空约 1.5m，平均冲深 1.5m，最大冲深约 2.0m，冲刷长度达 80m，淡澳河进口下游的淡水河右岸也受不同程度的冲刷而至崩岸；而进口右侧河宽 20m 范围则淤高 0.8m 左右，淤积长度近 200m，这将给以后的管理工作带来沉重的负担。为此，需研究进口防冲防淤的工程措施。

2.2.2.2 模型设计及验证

（1）模型设计及水流验证。模型按 Fr 相似准则设计，并保证模型雷诺数 Re'' 在自模区，即满足阻力相似。综合考虑模型最小水深（$h''>1.5cm$）要求、水陂过流相似及场地条件等，模型设计为正态定床模型，比尺为 $\lambda_L=60$。

流速比尺： $\lambda_V=\lambda_L^{\frac{1}{2}}=7.746$

流量比尺： $\lambda_Q=\lambda_L^{\frac{5}{2}}=27885.48$

糙率比尺： $\lambda_n=\lambda_L^{\frac{1}{6}}=1.9786$

淡水河原体糙率 $n_{P1}\approx0.030$，设计的淡澳河平均糙率 $n_{P2}=0.026$，则要求模型糙率分别为 0.015 和 0.013，用水泥沙浆抹面可以满足。淡澳河尾水回水渠安装有三角堰可以准确量取淡澳河分洪量。

由于淡水河没有实测的水文资料，故没能对模型作深入的验证。但据惠州水文分站计算的淡水河段分洪前的水面线成果，也可作模型验证参考使用，经模型试验比较，模型试验值和计算值比较接近。另对淡澳河按均匀流的试验方法对其糙率进行验证，即按 1/4000 的水面线坡度控制，比较模型的过流能力与设计流量，或固定流量比较其坡度，结果设计计算值和试验值非常接近，可见淡澳河的模型糙率与设计的原体糙率相似。

（2）泥沙启动、悬浮指标及模型沙的选择。取淡水河底沙分析得其 $D_{50}=0.55\text{cm}$，$D_{95}=2.3\text{mm}$，由沙玉清公式

$$V_{op} = h_p^{0.2} \sqrt{1.1 \frac{(0.7-\varepsilon)^4}{D} + 0.43D^{\frac{3}{4}}}$$

计算原体沙的启动流速见表 2.9，其中 ε 为孔隙率，一般可取 $\varepsilon=0.4$。

悬浮指标：

$$Z = \frac{\omega}{KU_*}$$

悬浮指标判别泥沙悬浮程度的一个指标，一般把 $Z<5$ 作为泥沙进入悬浮状态的临界判别值。对有沙波的床面，U_* 取沙粒剪切有关的摩阻流速 U'_*，按梅叶彼得修正剪力办法计算：

$$U_* = \sqrt{\left(\frac{n'}{n}\right)^{\frac{3}{2}} \frac{\tau_0}{\rho}} = \left(\frac{n'}{n}\right)^{\frac{3}{4}} \sqrt{ghJ}$$

$$n' = \frac{D_{50}}{A}$$

对于沙质河床 $A=19\sim20$，取 $n=0.03$，$A=20$ 及 $J=1/4000$ 计算 U_* 见表 2.9。沉速 ω 可由公式计算：

$$\omega = 6.77 \frac{Y_s-Y}{Y}D + \frac{Y_s-Y}{1.92Y}\left(\frac{T}{26}-1\right)$$

计算式中 ω 以 cm/s 为单位，D 以 mm 单位，取 $D=0.55\text{mm}$，$T=30℃$ 计算得 $\omega=62.8\text{mm/s}$，与沙玉清[1] 试验结果 $\omega=68.45\text{mm/s}$ 接近。由此计算 Z 也列入表 2.9 中，可见 $Z<5$，也就是说淡水河底沙能转化为悬移质进入淡澳河，但由于进口流速分布的不均匀，其悬浮程度也不同。

据李昌华推移质泥沙模型律：

$$\lambda_v = \sqrt{\lambda_h}$$

$$\lambda_v = \frac{1}{\lambda_n}\lambda_h^y\sqrt{\frac{\lambda_H}{\lambda_L}\lambda_H}$$

$$\lambda_v = \lambda_{vo}$$

$$\lambda_p = \lambda_{p*}$$

取 $y = 1/6$，计算得 $\lambda_v = 7.746$。因淡水河来沙量不清楚，本试验也仅能作定床加沙试验，故不考虑推移质输沙率相似条件。选用广东省水利水电科学研究院配制的焦作精煤作模型沙，其级配曲线基本上与原体床沙级配曲线平行。模型沙启动流速用本所玻璃水槽试验成果计算：

$$V_{om} = 0.01e^{(2h_m + 2.16)}$$

$$\lambda_{vo} = V_{op}/V_{om}$$

从表 2.8 可知。λ_{vo} 与 λ_v 有一定偏离，但基本满足相似要求。

另用加铅线的塑料珠子作模型示踪沙，其直径分别为 8.14mm 和 5.94mm，比重分别为 1.20 和 1.48。

表 2.8 　　　　　　　原体及模型水力参数和悬浮指标表

h_p/m	h_m/m	$V_{op}/(m^3/s)$	$V_{om}/(m^3/s)$	λ_{vo}	U_*	Z
3	0.050	0.572	0.096	5.96	0.0493	3.48
5	0.083	0.634	0.102	6.21	0.0636	2.69
6.9	0.115	0.675	0.109	6.18	0.0748	2.29
9	0.150	0.712	0.117	6.09	0.0854	2.00

2.2.2.3 拦沙和导沙工程措施研究

（1）水陂及拦沙坎结合方案优选。设置水陂的最初目的是为了市容环境美化的需要，但希望通过水陂及其消能工程调整淡澳河进流，使进口水流尽量均匀平顺。至于水陂位置定于何处都可满足蓄水美化的需要，只要限制其陂顶高程 13.70mm；因此，水陂位置的优选以过陂水流均匀和有利于拦沙和导沙为原则。

淡澳河进口位于上游淡水河弯道凸岸（右岸），下游淡水河突然放宽处，右岸本为泥沙淤积区。开通淡澳河后，从平面形态看，从上游淡水河至淡澳河为更弯曲弯道，弯道半径 $R \approx 300\text{m}$，弯道中心角 $\phi \approx 150°$，淡澳河进口恰位于弯道的顶点。虽然淡澳河进口段设计为长约 100m 的直段，但水流运动仍是弯道水流特征，而由于淡澳河的分流且流速比上游淡水河流速为大，从水流运动特征来讲，淡澳河进口又为弯道上段。因此，水陂位置以深入淡澳河过陂水流为好；而拦沙坎则应尽量移前，既有利于导沙，同样高程的拦沙坎，拦沙效果也比靠后为好。这可从弯道水流、泥沙运动特性及淤积塑造的河床形态得到解释[2]。冲护底、护坡的规则断面人工弯道泥沙淤积形态见图 2.31，从弯道进口至出口，推移质主输沙带和淤积宽度沿程拓宽，最高淤积剖面位于弯顶稍下，靠进口淤积最小。故拦沙坎的设置应尽量靠弯道进口为好，且拦沙坎高程也不必设置太高。由于研究时间所限，且已处于当年（1994）的汛期，工程必须在洪水来临之前实施，以免造成更大的损失。考虑到施工的可行性，经试验提出的水陂与拦沙坎相结合的方案实施，即拦沙坎高程 13.70m，坎后用 1：60 的纵坡与河底高程 13.00m 连接，横向坡度约为 1：50（斜向凹岸）。

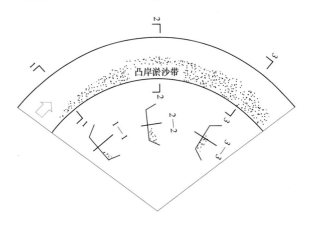

图 2.31　弯道泥沙淤积形态图

　（2）分洪及分沙问题。分洪是一种特殊的引水工程。分洪流量与分沙量是密切相关而又相互矛盾的两个方面。实际工程中往往都希望多引水而少进沙，但水流泥沙运动的客观规律所决定多引水必然多进沙，且在直线河段引水分沙比大于分水比。为便于引水防沙，引水口宜选择在弯道之凹岸。国内外广泛应用的低水头引水防沙渠首，在实际运用管理中，都不同程度地存在着渠首泥沙淤积的问题。实践证明，引水渠悬移质含沙量与河道中的含沙量相近。因此，渠道防沙问题主要是防止推移质泥沙入渠的问题。渠首工程和室内试验资料表明，当引水比达 50％时，底沙几乎全部进入引水口，引水比 K 与分沙比 K_S 成下列关系：

$$K_S = 1 - 4(0.55 - K)^2 \qquad (0.06 < K < 0.55)$$

淡澳河计算的分水比 $K = Q_2/Q$ 在中高水位时基本上为 50％左右，由公式可知，几乎 100％的底沙会进入淡澳河。加之淡澳河位于淡水河突然放宽之凸岸，更有利于底沙入渠。塑料模型沙试验显示的结果见表 2.9，在 D—02 全断面均匀加沙，几乎 100％的底沙都进入淡澳河（进口未作任何防沙工程）。塑料珠作模型沙的运动轨迹及用煤作模型沙试验显示的底沙运动情况，可见淡澳河进口恰恰正对淡水河上游推移质输沙带的补给区，分洪后改变了进水口附近的水流结构，泥沙更容易入渠，而后淤积在淡澳河右侧，淤沙带长 200 多米。

从上游淡水河来沙量分析，分洪后由于上游水位降低较大，洪水期水流归槽，流速加大，分洪初期淡水河推移质的输沙率会比分洪前大，河床会有所刷深。换句话讲，分洪初期淡水河的一部分床沙会转变为推移质，待河床冲淤平衡后，推移质输沙率会逐渐减小至新的平衡状态。当然，上游来沙量的变化更重要的还取决于城市土地开发及相应的水土保持等因素。

（3）拦沙和导沙工程方案及其优选。为减少泥沙入渠，需在进口设置拦、导沙工程措施。设计的拦沙坎平面位置及底沙的运动轨迹（见图 2.32），其剖面设计为角钢形，目的在于拦取底沙及临底悬沙，并在坎前形成次生螺旋流把泥沙带往下游。试验显示，拦沙坎可把底沙拦于坎前。但是，由于下游淡水河实际过流宽度及水深均较淡澳河为大，而分流量相当，其平均流速比淡澳

表 2.9　　　　　　　　　　　　塑料模型沙试验表

组　别	垂线号 组次 粒数	1号	2号	3号	4号	5号	6号	进入 淡澳河的 沙粒数	进入 淡水河的 沙粒数	K_S/%
小粒 $d=5.94$mm, $\gamma=1.48$	①	2	2	2	2	2	2	11	1	91.7
	②	2	2	2	2	2	2	12	0	100
	③	2	2	2	2	2	2	12	0	100
	④	4	4	4	4	4	4	24	0	100
	⑤	6	6	6	6	6	6	36	0	100
大粒 $d=8.14$mm, $\gamma=1.20$	①	2	2	2	2	2	2	12	0	100
	②	4	4	4	4	4	4	24	0	100
	③	6	6	6	6	6	6	35	0	100
	④	8	8	8	8	8	8	48	0	100
	⑤	10	10	10	10	10	10	60	0	100

河和进口上游淡水河小 1.5～1.7 倍，底流速更小，大量泥沙被
拦于坎前，淤积在坎前断面 12 上游，只有 10% 左右导向下游。
当坎前泥沙淤高至高程 13.00m 左右，由于过坎水流造成较大的
垂向扬动流速，底沙即可悬浮翻越拦沙坎而进入淡澳河，当坎前
泥沙继续淤高，底沙即顺利地全部进入淡澳河，拦沙坎失效。当
然，这与上游的来沙量有关，如果来沙量相对较少，洪水时在坎
前的淤积量不多，枯水期也可借水流将部分坎前淤积的泥沙带向
下游的淡水河，在下一场洪水时，拦沙坎依然能起到较好的拦沙
作用。为此，试验寻找更有效的导沙工程措施，但由于引水口位
置选择不当，而分水比又较大，使得导沙工程布置较为困难。试
验探索了多种导沙工程方案，下面择其较好两方案介绍如下：

　　1）底墙方案。底墙是一种导沙工程，在航道整治中较为常
用。对单个个体而言，其实际上是一座潜坝，通过多个坝体有序
的排列组合形成的底墙，可以较好地改变推移质输沙带的运动方
向。其原理与波达波夫导流墙和 IOWA 导流墙类似，都是利用

水流绕过墙体形成的螺旋流引水排沙或改变底沙的运动方向，只不过它们所处水中的位置不同而已。

单拦沙坎方案底沙运动轨迹见图 2.32。

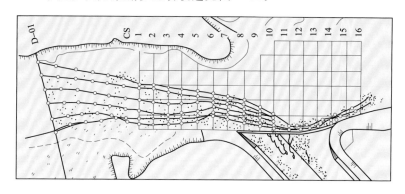

图 2.32　单拦沙坎方案底沙运动轨迹示意图

1～16—模型断面号

底墙布设得当与否，主要与墙体和水流的交角、墙体长度、墙体之间的间距及前后衔接有关。由于其形成的螺旋流及泥沙运动较为复杂，难以用常规的仪器定量测量并优选。试验显示，底墙应离开拦沙坎一定的距离才有效，通过加沙试验定性优选的一组底墙及其导沙（见图 2.33），首坝用一较长斜挑潜坝把近岸底沙导向河中，而后紧接布置底墙，坝顶高程均为 13.00m，可抛石筑成，迎水坡为 1∶0.75，背水坡为 1∶1，最好则是做成 0.5m 宽的垂直墙体。

试验显示，底沙沿底墙方向在螺旋流作用下能顺利往下游输移，但至坝 7，即淡澳河左侧排污箱涵延长线，水流动力骤减，底墙难以形成较强的螺旋流，把泥沙继续顺利往下游输送。导致较多的底沙在坝 6、坝 7 之间淤积并逐渐向淡澳河输移淤于坎前，坎前泥沙淤高后又顺利越过拦沙坎进入淡澳河。总的来说，只有 20%左右的底沙能导向淡水河下游，效果并不如意。

2）双拦沙坎方案及其优选。鉴于底墙方案效果不理想，施工控制也比较困难，故设计见图 2.34 的双拦沙坎方案，即在第

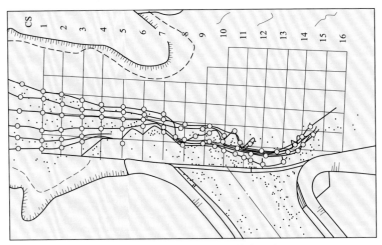

图 2.33 底墙方案底沙运动轨迹示意图

1~16—模型断面号

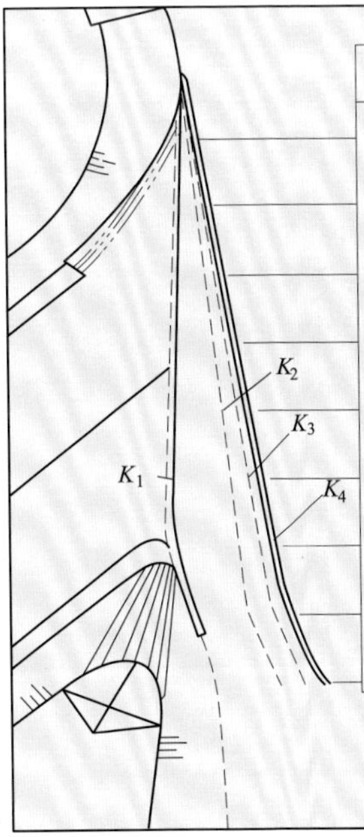

K_1	K_2	K_3	K_4	C9
1.87	1.93	1.96	1.83	7
1.82	1.59	1.54	1.44	8
1.67	1.33	1.23	1.19	9
1.39	1.22	1.01	0.95	10
1.37	1.12	1.06	0.99	11
1.28	1.16	1.14	1.09	12
0.73	1.09	1.10	1.20	13
0.52	0.77	0.93	1.03	14
0.95	0.86	0.89	1.09	15

注：表中数据为坎前底流速。

图 2.34 双拦沙坎方案优选图

一道拦沙坎（坎1线）前再布设第二道拦沙坎，并通过试验优选其位置。坎顶高程为13.6m，墙体厚度通过稳定计算确定。沿拦沙坎方向施测坎前底流速。在断面12上游，拦沙坎越往外底流速逐步减小，断面12下游则逐步增大，以坎4线沿程底流速变化比较均匀，故选择坎4线为第二道拦沙坎位置。从中也可以看出，第一道拦沙坎（坎1线）沿拦沙坎方向的坎前底流速断面12以下流速骤减，输沙动力不足，泥沙不能顺利往下游淡水河输送。

加塑料模型沙试验显示，底沙沿第二道拦沙坎比较顺畅的匀速向下游输移；未设第二道拦沙坎时，底沙沿第一道拦沙坎运动至断面12后速度骤减并会停留在断面12～14之间。为使泥沙连续往下输移，经试验优选在坎前设4道导沙底墙，墙顶高程13.00m，做成宽0.5m的垂直墙体。

2.3　小结

本章应用物理模型试验和三维水流数学模型研究了无坝取水防导沙底墙螺旋流产生的机理，分析了导沙底墙周围水流及泥沙运动特性及影响导沙效果的主要因素。以荷树园电厂取水口工程和谈澳分洪河道进口为例，通过动床物理模型试验分析研究了不同防导沙底墙的布置型式对螺旋流产生的范围和强度的影响及导沙效果的影响，总结了防导沙底墙组的最优布置型式。

3 平原感潮河段提高取水保证率研究

3.1 平原感潮河段取水保证率的影响因素

平原感潮河段属河口区，水流缓慢，河道水位变化较大，潮流界以内河段为往复流，平原感潮河段床沙粒径较细，泥沙输移以悬移质泥沙为主，推移质输沙所占比重较小。由于平原感潮河段特殊的地理位置及河道特性，影响平原感潮河段取水保证率的因素较上游河段复杂。

（1）水污染问题。平原感潮河段往往是人口稠密区域，水污染问题也日益凸显。

特别是深入城市内部的河涌、河道尾闾成为了水污染的高浓度区。而这些支流、河涌携带含高浓度污水汇入干流河道，并随潮汐作用在干流河道作往复运动，直接威胁干流取水口的供水安全。如东江下游支流石马河橡胶坝塌坝排洪的污水随潮水沿东江上溯已严重影响了东江干流太园泵站的取水水质。

（2）咸潮问题。咸潮是指海水从河口侵入河道，使河水咸度超过供水水源咸度上限 250mg/L，咸潮灾害一般在枯季大潮期间发生。近年来，珠江三角洲咸潮问题日益严重，从 1999 年开始有报道广州水源受咸潮入侵影响以来，近年冬季咸潮灾害频繁侵袭珠江三角洲的近河口地区，造成该地区生活和生产用水困难。

枯季咸潮上溯直接影响河口区生活、工业取水，成为河口区影响取水保证率的重要因素。

（3）泥沙淤积问题。取水口近区泥沙淤积问题也是平原感潮河段影响取水保证率的因素之一，平原感潮河段的双向流给取水口设置防导沙工程措施带来的一定难度，平原感潮河段咸淡水混合的悬沙絮凝作用及陆域、海域双向来沙的综合作用较上游河段仅考虑推移质淤积问题更加复杂。

3.2 平原感潮河段取水保证率的措施

（1）取水口工程措施。通过在取水口近区设置导沙坝，形成人工环流，使上游来沙远离取水口，达到取水防沙的目的。

通过在取水口上下游设置挑流与导流工程措施，以期能够降低取水口区污染物的相对浓度，或者通过增大污染物的稀释范围以达到减低取水口处污染物浓度的目的。

（2）调水措施。平原感潮河段一般河网密集，水流连通，如珠江三角洲河网地区有主要河道 100 多条，堤围内部的河涌或中小河道不计其数，预计约有 4000 多条这些河道或河涌的径流量（含冲污航运、灌溉、供水等用水量），基本来自上游。一条河道或一个堤围内部的水量增加，必将导致另一个区域或河道的水量减少。保证取水水源点水量、水质的可靠性可综合考虑河网连通及潮汐涨落的特点，可采取以下导控措施：建设分流控制工程，对河道分流比模拟和调整，根据潮汐涨落调整取水点、对分流和排水口门进行监控等。

3.3 典型工程及非典型工程措施工程实例

3.3.1 工程概况

太园泵站是东深供水改造工程的水源泵站，位于东江左岸石马河（新开河）口上游约 300m 处，于 1998 年建成投入使用。太园泵站是东深供水工程梯级抽水站的第一站，其进水口主要由拦沙闸、进水渠、前池、拦污栅、检修闸门、工作闸门等组成。

太园泵站从东江取水，设计取水流量为 80m³/s，目前实际运行时最大取水流量 100m³/s，设计上水位 8.10m（珠基，下同），运行最低上水位 5.48m，设计下水位−0.20m，停机水位−1.95m，运行最高下水位 6.80m，最大净扬程 10.05m，最小净扬程 2.00m，设计净扬程 8.30m，年运行小时数 6700h（最终8000h）。泵站进水口宽度为 44.4m，底高程为−4.50m。东深供水改造工程太园泵站所在河段整体河势见图 3.1，河段及出口局部见图 3.2 和图 3.3。

图 3.1　东深供水改造工程太园泵站所在河段整体河势

石马河是东江的一级支流，发源于深圳宝安大脑壳山，流经深圳观澜，东莞塘厦、樟木头、桥头等地，于桥头新开河口注入东江。在枯水期石马河通过橡胶坝将来流拦蓄，再通过倒虹吸箱涵将水流引入东引运河排往下游；洪水期或初汛期当上游来水大于东引运河排洪能力时，石马河口橡胶坝塌坝泄洪，以确保上游地区行洪安全。

图 3.2　东深供水改造工程太园泵站所在河段局部图

图 3.3　东深供水改造工程太园泵站及石马河出口局部图

近年来，石马河流域环境污染较为严重，水质日趋恶化，据最新的监测结果显示，其主要干流河段的水质为地表水Ⅴ类标准，局部河段水质为劣Ⅴ类标准。在洪水期和初汛期暴雨时段，为了缓解上游的防洪压力，石马河的污水不可避免地要排入东江干流，若此时东江上游来水量较少，且下游受潮水顶托尤其是遭遇天文大潮时，就会造成石马河污水汇入东江干流后上溯，影响太园泵站的水质，从而影响取水保证率。

由于石马河排污的汇入口位于东江干流下游河道，既受上游径流动力的控制，又受外海潮汐的影响，水动力较为复杂。因此，广东省水利水电科学研究院通过专题水文分析与计算、数学模型和物理模型等综合的研究手段，提出相应的工程措施和非工程措施方案，改善取水水质，提高无坝取水的保证率。

3.3.2 物理模型、数学模型、水文计算模型简介

3.3.2.1 物理模型

（1）模拟范围。由于本次研究的重点为污水扩散对取水口的影响，故模型的范围应该涵盖污水扩散的范围，并考虑模型试验上、下游河道水流衔接过渡所必须满足的条件。根据粤港供水公司的观测，石马河污水可以上溯至太园泵站取水口上游约3km。因此，本次试验物理模型的范围为：上边界取石马河口上游约4km，下边界取石马河口下游约3km。此外用扭曲水道向上游延伸了约20km，向下游延伸了约8km。

（2）模型比尺。根据试验研究的目的、内容和要求，以及模型试验的相似理论，本试验应按重力相似准则设计成变态模型，即采用弗劳德（Froude）数相似条件。此外，模型设计必须满足流态的相似要求，考虑场地的限制条件及模型制作的便利等因素。

因此，确定的模型比尺为：

平面比尺：$\qquad L_r = 160$

垂向比尺：$\qquad Z_r = 80$

几何变率：$\qquad e = 2$

由此计算得其他有关水力参数比尺如下：

流速比尺：$\qquad V_r = \sqrt{Z_r} = 8.94$

时间比尺：$\qquad t_r = L_r Z_r^{-\frac{1}{2}} = 17.89$

流量比尺：$\qquad Q_r = V_r L_r Z_r = 114487$

糙率比尺：$\qquad n_r = Z_r^{2/3} L_r^{-\frac{1}{2}} = 1.47$

物理模型规划布置见图 3.2。

3.3.2.2 数学模型

（1）模拟范围。一维水流数学模型的研究范围：上边界取自博罗水文站，下边界取至东江口大盛、泗盛潮位站。一维水流数学模型计算采用的地形资料主要是 2004 年河道地形图，局部采用本次新测的（2010 年）河道地形图。断面间距约 150～500m，模型计算总里程约 55km。

二维水流水质数学模型的研究范围：上边界取太园泵站取水口上游约 8km 处，下边界取太园泵站取水口下游约 8km 处。二维水流水质数学模型计算采用的地形资料为本次新测的（2010 年）河道地形图。

（2）基本控制方程和主要计算方法简介。

1）一维水流数学模型

①基本方程。

一维水流数学模型的基本方程采用圣维南方程组求解，其控制方程为：

$$\begin{cases} \dfrac{\partial Q}{\partial x} + B_T \dfrac{\partial Z}{\partial t} = q_l \\[2mm] \dfrac{\partial Q}{\partial t} + 2u \dfrac{\partial Q}{\partial x} + (gA - Bu^2)\dfrac{\partial z}{\partial x} - u^2 \dfrac{\partial A}{\partial x} + g\dfrac{n^2 |u| Q}{R^{4/3}} = 0 \end{cases}$$

式中　Q——流量；

$\qquad Z$——水位；

$\qquad R$——水力半径；

$\qquad u$——流速；

$\qquad q_l$——旁侧入流；

n——糙率系数，可用谢才公式计算；

B_T——包括主河道泄流宽度和仅起调蓄作用的附加宽度；

B——过流河宽；

A——过水面积；

g——重力加速度；

x、t——空间和时间坐标。

②计算方法。模型采用 Preissmann 四点加权差分格式离散圣维南方程组，该求解方法稳定性好，求解速度快。

③边界条件和初始条件。

边界条件： $Z_{down} = Z(t)$ ； $Q_{up} = Q(t)$

初始条件： $(Z)_{t=0} = Z_0$ ； $(Q)_{t=0} = Q_0$

2）二维水流水质模型控制方程。

①基本方程。在笛卡尔坐标系下，平面二维水质数学模型控制方程如下：

连续方程：

$$\frac{\partial H}{\partial t} + \frac{\partial Hu}{\partial x} + \frac{\partial Hv}{\partial y} = \frac{Q_S}{A_S}$$

运动方程：

$$\frac{\partial u}{\partial t} + u\frac{\partial u}{\partial x} + v\frac{\partial u}{\partial y} = -g\frac{\partial \eta}{\partial x} + fv + \frac{\tau_{sx}}{\rho H} - \frac{\tau_{bx}}{\rho H} + \varepsilon\left(\frac{\partial^2 u}{\partial x^2} + \frac{\partial^2 u}{\partial y^2}\right)$$

$$\frac{\partial v}{\partial t} + u\frac{\partial v}{\partial x} + v\frac{\partial v}{\partial y} = -g\frac{\partial \eta}{\partial y} - fu + \frac{\tau_{sy}}{\rho H} - \frac{\tau_{by}}{\rho H} + \varepsilon\left(\frac{\partial^2 v}{\partial x^2} + \frac{\partial^2 v}{\partial y^2}\right)$$

对流扩散方程：

$$\frac{\partial C}{\partial t} + u\frac{\partial C}{\partial x} + v\frac{\partial C}{\partial y} = \frac{\partial}{\partial x}\left(E_x\frac{\partial C}{\partial x}\right) + \frac{\partial}{\partial y}\left(E_y\frac{\partial C}{\partial y}\right) - K_1C + S$$

$$H = h_0 + \eta$$

$$\tau_{bx} = f_b\rho|U|u \ ; \ \tau_{by} = f_b\rho|U|u$$

式中 u、v——垂向平均流速在 x 方向、y 方向的分量，m/s；

h_0——静水时的水深，m；

η——自由水面在竖直方向的位移，m；

Q_S——排水流量，m^3/s；

ε——紊动黏性系数，m^2/s；

f——科氏力系数；

E_x、E_y——x 方向、y 方向的混合系数，m^2/s；

K_1——污染物衰减系数，$\mathrm{L/s}$；

C——污染物浓度，$\mathrm{mg/L}$；

S——污染物的排放源强，$\mathrm{g/s}$；

τ_{bx}、τ_{by}——床面阻力在 x 方向、y 方向的分量；

f_b——底摩阻系数。

用曼宁公式表示：

$$f_b = \frac{1}{n} H^{\frac{1}{6}}$$

式中 n——曼宁系数。

由此可得到：

$$\tau_{bx} = \frac{n^2 |U| u}{\rho H^{\frac{1}{3}}} = \frac{n^2 u \sqrt{u^2 + v^2}}{\rho H^{\frac{1}{3}}}$$

$$\tau_{by} = \frac{n^2 |U| v}{\rho H^{\frac{1}{3}}} = \frac{n^2 v \sqrt{u^2 + v^2}}{\rho H^{\frac{1}{3}}}$$

式中 τ_{sx}、τ_{sy}——风对自由水面的剪切力在 x 方向、y 方向的分量。

$$\tau_{sx} = f_s \rho_a u_w \sqrt{u_w^2 + v_w^2}$$

$$\tau_{sy} = f_s \rho_a v_w \sqrt{u_w^2 + v_w^2}$$

式中 f_s——风阻力系数；

ρ_a——空气密度；

ρ——水密度；

u_w、v_w——风速在 x 方向、y 方向的分量。

②计算方法。二维水流方程利用交替方向隐格式（ADI 法）求解，方程矩阵采用追赶法，该格式具有二阶精度，且收敛速度快，计算精度高。对流扩散方程采用三阶精度有限差分法 QUICKEST - SHARP 来求解，该方法有效地避免了方程中质量不守恒、偏高和偏低值的问题。

3）初始边值条件。

$$u(x, y, t)_{t=0} = u_0(x, y)$$
$$v(x, y, t)_{t=0} = v_0(x, y)$$

初始条件：

$$\zeta(x, y, t)_{t=0} = \zeta_0(x, y)$$

边界条件：计算区域的边界分为固壁边界和水边界两种类型。在固壁边界上给定滑移边界条件，即：

$$\vec{v} \times \vec{n} = 0, \quad grad T \times \vec{n} = 0$$

式中　$\vec{v}$——流速矢量；

　　　$\vec{n}$——边界法向单位矢量。

在水边界上给定水位过程线：

$$\eta = \eta_0(t)$$

在取排水口上，给定取排水流量、排水污染物浓度。

（3）计算参数选取。

1）水流计算参数选择。根据区域水文气象特性及以往计算工作经验，本次计算中风应力对流场的影响不予考虑，其余各参数取值为：

$$\rho = 1000 \text{kg/m}^3$$
$$g = 9.81 \text{m/s}^2$$
$$\varepsilon = 1 \sim 50 \text{m}^2/\text{s}$$

2）水质计算参数选择。对水质计算结果影响较大的参数有两个：一个是混合系数 E；另一个是污染物综合衰减系数 K_1。

E 值可由下式算出：

$$E_x = 5.93\sqrt{gH} \mid u \mid /C$$

$$E_y = 5.93\sqrt{gH} \mid v \mid /C$$

式中　E_x、E_y——x 方向、y 方向的混合系数；

　　　H——计算点水深；

　　　u、v——x 方向、y 方向的流速；

　　　C——谢才系数。

3.3.2.3　水文计算模型

本次径流计算采用三水源新安江模型。新安江模型始建于 1973 年，采用蓄满产流的概念，以土壤含水量达到田间持水量后才产流，是一个具有分散参数的概念性模型，30 多年来在我国湿润与半湿润地区有广泛应用，并发展改进为三水源的以及其他多水源的模型，新安江模型可用于模拟日径流（日模）和次洪径流（次模）。

（1）模型结构。新安江模型是一个具有分散参数的概念性模型，产流部分采用蓄满产流模型，另增加了流域不透水面积占全流域面积之比的参数 IMP。蒸发部分采用三水源蒸散发模式。河道洪水演算采用滞后演算法。地面径流的汇流采用经验单位线，并假定每个单元流域上的无因次单位线相同，简化结构。地下径流的汇流采用线性水库。对每一个单元流域作汇流计算，求得单元流域出口流量过程。再进行出口以下的河道洪水演算，得出流域出口的流量过程。把每个单元流域的出流过程相加，就求得了流域出口的总出流过程。三水源新安江日模型结构见图 3.4。

（2）模型参数。基于概念型降雨径流蓄满产流的新安江模型，其参数可大致划分为以下四种类型：

1）蒸散发。此部分的参数包括 K、C、WUM、WLM

K：流域蒸散发能力与实测水面蒸发值之比。它反映蒸发皿蒸发量与流域蒸发能力的差别。夏天其值一般取 1.3～1.5，冬天一般取 1.0。

C：深层蒸散发系数。它决定于深根植物占流域面积的比值，同时也与 WUM+WLM 有关。

WUM：上层蓄水容量，它包括植物截留量。

WLM：下层蓄水容量。

2）产流。通过降雨和土壤缺水量来计算径流，此部分包括的参数有 WM、B 和 IMP。

WM：流域平均蓄水容量，它是衡量流域干旱程度的指标且 WM＝WUM+WLM+WDM，WM 值在南方湿润地区约为 80～120，北方较干旱，可达到 150 或更大。

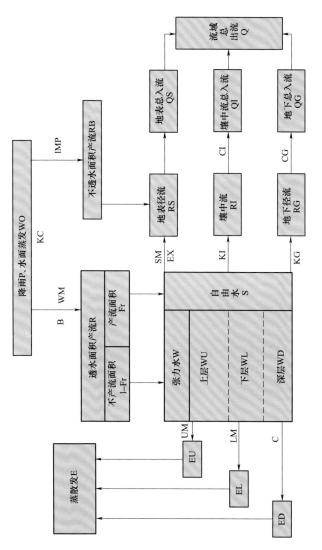

图 3.4 三水源新安江日模型结构图

B：蓄水容量的方次，它反映流域上蓄水容量分布的不均匀性。根据经验，一般取值为 0.2～0.4，山区大于平坦地，B 值一般随着流域面积增大而增大。

IMP：不透水面积占全流域面积之比。

3）分水源。此部分把总径流划分为三部分，即地面径流、壤中流和地下径流，参数包括 SM、EX、KG 和 KI。

SM：自由水蓄水库容量，mm。

EX：自由水蓄水容量曲线的指数。其最佳取值范围是 1.0～1.5。

KG+KI：自由水蓄水库地下水日出流系数和自由水蓄水库壤中流日出流系数，它们反应基岩和深层土壤的渗透性。

4）汇流。由于日模计算时段为 1d，一般流域的河网汇流时间大多在 1d 之内，在时段长为日的模型中，河网汇流的细节就无法分辨，故逐日模型中一般可不考虑河网汇流。因此子流域汇流参数有 CI 和 CG。

CI：壤中流消退系数。

CG：地下水消退系数。

（3）新安江三水源日模软件开发。采用 Visual Basic 2005.net 开发工具，在 Windows XP 环境下开发了三水源新安江日模型。模型软件采用记事本文件格式作为输入和输出，格式简单，操作方便。

3.3.3 研究的水文组次

（1）一维水流数学模型。一维水流数学模型用来计算太园泵站污水上溯的临界水文条件，即是研究东江涨潮流的上边界位于石马河汇入口断面处的不同径潮组合水文条件（见表 3.1）。

表 3.1　　　　石马河排水不上溯临界水文工况组合表

太园泵站抽水流量 /（m³/s）	潮　型		
	大潮	中潮	小潮
100	工况一	工况三	工况五
0	工况二	工况四	工况六

（2）物理模型和二维水流水质模型。选取最具代表性的2009年5月19日（简称5.19）进行物理模型试验及数值模拟组次（见表3.2）。选择当天的涨急时刻作为恒定流组次，在物理模型中进行不同工程措施方案效果的比选。

表3.2　物理模型试验和二维水流水质模型计算的水文组次表

日期 /（年．月．日）	石马河平均流量 /（m³/s）	东江枢纽下泄平均流量 /（m³/s）	太园泵站平均抽水流量 /（m³/s）	石龙潮汐特征			
				日平均潮位 /m	日高高潮 /m	日低低潮 /m	日最大潮差 /m
2009.5.19	84	457	50	0.32	0.61	−0.20	0.81

3.3.4　工程措施

3.3.4.1　太园泵站取水水质变化规律

太园泵站取水水质每半小时的数学模型和物理模型的研究成果对比见图3.5。

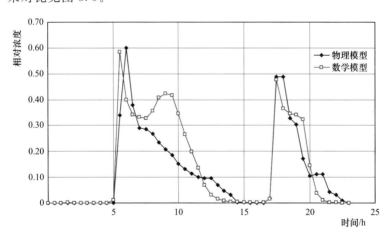

图3.5　太园泵站取水水质每半小时的相对浓度曲线图

由图3.5可见，数学模型与物理模型的研究成果是较为一致的，均反映出了太园泵站取水水质随东江往复流运动的规律，太园泵站取水口的相对浓度存在较为明显的两个峰谷。

在第一个涨潮段（5时刻至9.5时刻）开始半小时后取水口的相对浓度就由0迅速增大到0.34，1h后达到峰值0.60，相对浓度达到峰值的时间几乎与涨急的时间同步，之后随着涨潮动力的逐步减弱，相对浓度值也随之降低，至涨憩时相对浓度已经衰减约为0.2，落潮开始半小时后其值减为0.15，降幅为25%，至落潮1h即10.5时刻，相对浓度值变为0.12，相比涨憩时降幅为40%。第二个涨潮段（16.5时刻至19时刻）的规律与第一涨潮段基本一致，只是其相对浓度峰值为0.49，主要是涨潮流速比前一个周期低所致，其落潮后1h的相对浓度由0.30衰减为0.10。

从以上分析可以基本看出，在由涨潮流转为落潮流1h后，太园泵站取水口的相对浓度基本都可以降低为0.1左右。

3.3.4.2 采取控导工程措施改善取水水质的效果

试验中研究对比了五种工程措施方案对太园泵站取水水质的改善效果。这六种方案的设计思路主要是尝试在石马河出口、石马河出口与太园泵站取水口之间，以及在太园泵站取水口这三个位置采取不同型式的挑流与导流工程措施，以期能够降低太园泵站取水口处的相对浓度，或者能够起到一定程度的延迟污水上溯影响太园泵站取水的作用。各方案对太园泵站取水水质的改善效果见表3.3。

表3.3　各方案对太园泵站取水水质的改善效果对比表

主要指标	工程前	方案一	方案二	方案三	方案四	方案五
太园泵站取水口相对浓度值	0.47	0.34	0.26	0.41	0.43	0.40
污染带到达太园泵站取水口时间/min	20	30	40	25	25	30

各方案的具体实施效果如下：

（1）工程前。工程前污水上溯的输移形态（工程前）见图3.6。试验研究显示，由于石马河出口水流下泄动能较小，且受出口地形影响，水流略有偏流，略偏右侧方向汇入东江干流，进入东江干流后由于前冲动能很小，在涨潮流的压制下呈带状贴左岸向上游输移，在太园泵站满抽（100m³/s）的较强引水作用下，污染带达到太园泵站的时间分20min，最终太园泵站取水口的相对浓度达到0.47。

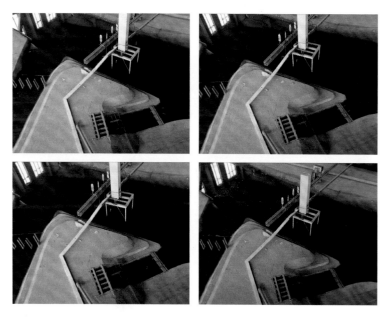

图3.6　污水上溯的输移形态（工程前）

（2）方案一。该方案采用丁坝将其过水断面缩短一半，增大其出流动能，将污水挑向东江干流主河槽方向，以便让更多的水体对其进行稀释，还能加长其输移至太园取水口的路径，缩短其影响太园取水的时间。同时，还要保证在较大洪水时方案的设置不能影响行洪。

该方案的具体布置是在石马河出口设置长度为110m的挑流

丁坝,丁坝的坝根位于石马河出口右岸,坝顶高程 0.70m,坝体坡比为 1:2,将石马河原有的 220m 出口宽度缩短了一半。

污水上溯的输移形态见图 3.7。

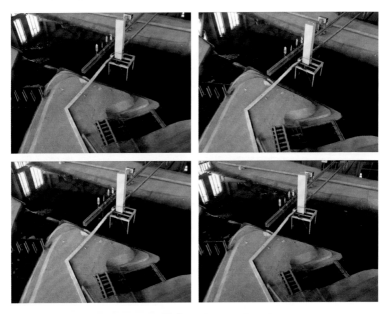

图 3.7　污水上溯的输移形态(工程措施方案一)

试验结果显示,该方案由于增大了石马河水流的下泄动能,水流被挑向主河槽,污染带的面积加大了,能够使更多的水体对其稀释,同时增长了上溯的输移路径,污染带比工程前延迟了 10min,最终太园泵站取水口的相对浓度降低为 0.34,降幅为 28%。

(3)方案二。由于方案一取得了一定的改善效果,但是效果不显著,为了增强效果,方案二进一步将挑流丁坝延长,将石马河出口缩窄为 50m,坝顶高程和坝体坡比不变。污水上溯的输移形态(工程措施方案二)见图 3.8。

试验结果显示,该方案进一步加大了水流的出流动能,石马河下泄的水流被挑至更远的区域,污染带在向上输移的过程中已经与左岸岸边保持约 5m 的距离，起到了降低浓度及延迟污水上溯的效果，污染带达到太园泵站的时间比工程前延迟了 20min，最终太园泵站取水口的相对浓度降低为 0.26，降幅为 45%。

图 3.8　污水上溯的输移形态（工程措施方案二）

（4）方案三和方案四。该方案的主要设计思路是在石马河出口与太园泵站之间的左岸岸边设置上挑式和下挑式丁坝，使污染带在贴岸上溯过程中被挑向主河槽方向。

试验结果显示，石马河污水入东江后，污染带贴左岸上溯，至丁坝附近，受挑流作用，绕流通过丁坝区，仍然被太园泵站较强的吸水作用引至取水口附近。污染带达到太园泵站的时间比工程前延迟仅 5min，可见方案对改善取水水质的作用较小。

（5）方案五。该方案的设计思路是在太园泵站取水口附近设置导水墙，使污染带在靠近太园泵站时能被挑远。

导墙起点位于太园泵站取水口进口的右岸（以入水方向），为了减小对东江干流河道的影响，污水上溯的输移形态（工程措施方案五）见图 3.9。

图 3.9　污水上溯的输移形态（工程措施方案五）

　　试验结果表明，污染带上溯到太园泵站附近后，受导墙的阻挡，会绕更远的路径被太园泵站吸水作用引致取水口内，起到了一定的延迟效果。污染带达到太园泵站的时间是 30min，比工程前延迟了 10min，最终太园泵站取水口的相对浓度降低为 0.40，可见该方案对改善取水水质的作用不大。

　　综上所述，单纯从各方案对改善太园泵站取水水质及延迟上溯时间的效果对比结果看，方案二是所有方案中改善水质效果最好的。

　　恒定流试验结果表明，方案二对改善太园泵站取水水质是相对最优的方案，因此在非恒定流组次下对其效果进一步验证。

　　由图 3.10 可见，在涨潮期，工程措施方案明显起到了降低太园泵站取水口污水浓度的作用，相对浓度峰值最大削减了37.5%，改善效果明显。

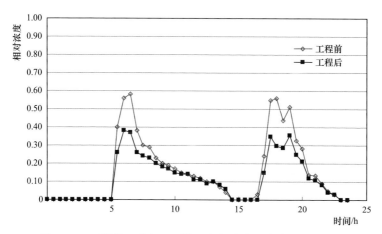

图 3.10 工程前、后太园泵站取水水质的逐时过程线对比图

3.3.4.3 涨潮时调污方案的研究成果

涨潮时调污方案将石马河污水在涨潮时调至东江干流太园泵站上游 1.7km 处左岸东岸船闸处排放，落潮时仍从石马河口处排放，在该条件下涨潮流中污染物浓度大大减小，且涨潮时污水从东岸船闸处向下游输移，至太园泵站取水口处污染物得到有效扩散稀释，浓度也将有所降低，这样或可以减轻涨潮流污染物对太园泵站取水的影响。

数模计算结果见图 3.11。从图 3.11 中最大相对浓度变化可

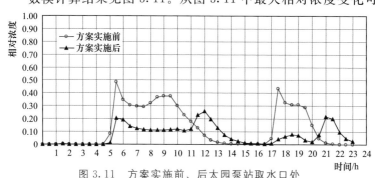

图 3.11 方案实施前、后太园泵站取水口处
相对浓度随时间变化曲线图
注："5.19"组次。

以看出，方案实施后污染物浓度峰值明显下降，最大相对浓度下降了 0.11，降幅达 46.3%。

3.3.5 非工程措施

3.3.5.1 加大东江上游泄流量对改善取水水质的研究成果

该非工程措施的主要思路是确定东江上游泄流量达到多少时能够使得石马河的污水不发生上溯，从而改善太园泵站的取水水质。

研究选定东江三角洲出口处的典型潮位过程，再针对该潮位过程，采用上游不同的来水量进行试算，求得该潮位时保证石马河污水不上溯的上游临界流量。

一维网河数学模型计算结果显示，下游小潮时，保证石马河污水不上溯的东江博罗站临界流量最小为 $1110\,\mathrm{m}^3/\mathrm{s}$，下游大潮与太园泵站满抽（取水流量为 $100\,\mathrm{m}^3/\mathrm{s}$）条件下，保证石马河污水不上溯的博罗站临界流量最大为 $1540\,\mathrm{m}^3/\mathrm{s}$。

3.3.5.2 石马河截污调度改善取水水质的研究成果

石马河出口日排污量主要的计算方法是利用上村站、高峰站、观洞站、碗窑站的日雨量资料，应用新安江模型计算石马河流域旗岭站控制流域内日径流量，再以旗岭水闸的日下泄流量及石马河桥头调污站橡胶坝的运用状态记录进行模型参数率定，最后计算出无调蓄下的石马河流域和潼湖流域逐日的平均流量，再根据石马河桥头调污站的橡胶坝运用记录及潼湖陈屋边水闸的运用记录，将陈屋边水闸开启时段的潼湖流量与石马河流量相加，得出石马河出口的逐日排污量（截污时为零）。

根据本研究的目的及其技术路线，采用水文模型计算石马河及潼湖流域各种量级流量的频率，从而分析石马河桥头调污站调污能力在满足一定保证率下，石马河流域污水不影响太园泵站取水口取水水质的响应截污流量。采用 2009 年率定获得的模型参数，雨量站及其泰森多边形见图 3.12 进行石马河及潼湖流域 1978—2004 年及 2007—2009 年逐日径流模拟，由于两个流域相近，流域自然地理情况相似，认为石马河流域与潼湖流域径流量是同频率的，流量数值的相加得到石马河及潼湖流域的总流量，并对模拟结果进行统计分析。

石马河流域 30 年径流模拟结果分别见图 3.13，潼湖流域 30 年径流模拟结果见图 3.14。

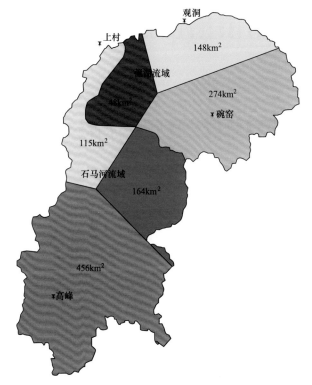

图 3.12　雨量站及其泰森多边形图

石马河流域、潼湖流域及两者之和的 30 年全年流量排频结果见图 3.15～图 3.17。

表 3.4 为石马河及潼湖流域总流量的 30 年逐日频率计算分析成果。根据 30 年石马河日平均来水量的频率分析，保证率为20％时石马河的日平均流量为 90m³/s，也就是说 80％ 的时间（d）石马河的来水均小于 90m³/s。

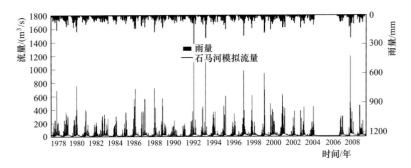

图 3.13　石马河流域 30 年径流模拟结果图

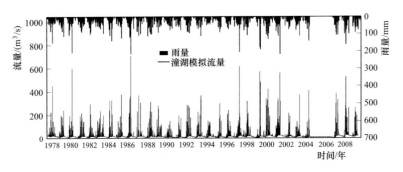

图 3.14　潼湖流域 30 年径流模拟结果图

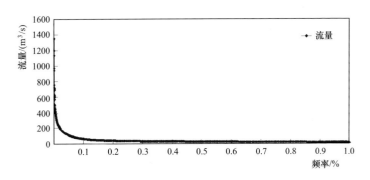

图 3.15　石马河流域 30 年逐日流量排频结果图

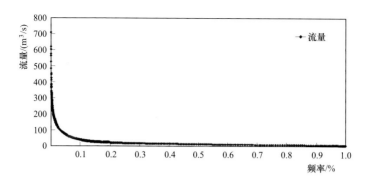

图 3.16 潼湖流域 30 年逐日流量排频结果图

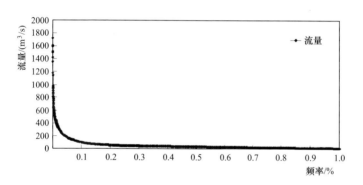

图 3.17 石马河及潼湖流域总流量 30 年逐日流量排频结果图

表 3.4 　　　　30 年石马河及潼湖流域流量频率分析结果表

频率 /%	石马河流量 /(m³/s)	潼湖流量 /(m³/s)	合计 /(m³/s)
95	34.9	18.9	53.8
90	36.3	19.5	55.8
80	38.4	20.3	58.9
50	47.2	24.0	71.6
20	59.3	30.5	90.0
10	84.8	49.2	136.5
5	133.5	83.2	214.3

3.4 小结

本章总结归纳了影响平原感潮河段无坝取水保证率的主要影响因素及提高平原感潮河段无坝取水保证率的主要方法和措施。以东江下游太园泵站提高取水保证率试验研究为典型案例，提出了平原感潮河段改善取水水质的工程措施和非工程措施体系。

4 河床下切对取水保证率影响

4.1 河床下切对取水保证率的影响及防治措施

随着近年来大规模人工采砂活动等因素的影响，全国各地，尤其是珠江三角洲地区相当部分的河道河床均出现了不同程度的下切。河床下切直接导致河道水位降低，进而影响河道取用水工程的取水保证率。

目前，针对河床下切对取水保证率的影响研究较少，可采用的提高取水保证率的措施、手段不多，主要是对取水工程设施进行改建，例如降低取水口或水闸底板高程等。

4.2 典型工程案例研究

芦苞涌为北江干流的主要支流之一，北江向芦苞涌的分水为佛山市、广州市人民的生产、生活用水提供了重要保障。近年来，由于芦苞涌附近北江河床大幅下切，导致北江向芦苞涌的分水大幅减少，降低了下游河涌各取水工程的取水保证率。本案例通过历史资料的收集整理及调查研究，首先，计算分析由于附近北江干流河床下切北江向芦苞涌分水减少情况；然后，计算采取工程措施即将水闸底板高程降低后的分水情况，以分析该工程措施对提高无坝取水保证率的效果。

4.2.1 水系及芦苞水闸概况

如图4.1所示，芦苞涌为北江干流的主要分洪水道之一，始于佛山市三水区芦苞镇北江干流，向东流至长歧管理区分为南北两支。北支九曲河于花都区的白坭与发源于清远市坑尾的国泰水汇合后称白坭水；南支仍称芦苞涌，流经三水区的虎爪围、花都区的炭步镇、大涡、文岗，于南海区的官窑附近注入西南涌。白坭水和西南涌在老鸦岗附近与流溪河汇合后注入珠江。北江向芦苞涌的分水是佛山市、广州市河涌、湖泊的重要补给水源，为佛山市、广州市人民的生产、生活用水提供了重要保障。

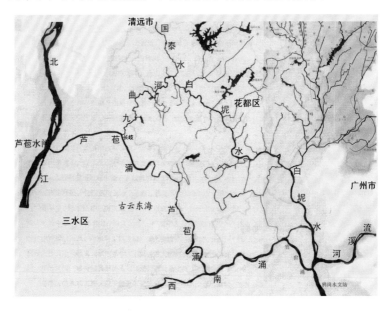

图 4.1　工程附近水系示意图

　　为限制北江洪水通过芦苞涌的分流量，减轻北江洪水对广州的直接威胁，1921 年开始在芦苞涌口兴建芦苞水闸，1923 年建成（称该闸为 1923 年水闸）。水闸以北江 100 年一遇碰西江 200 年一遇归槽洪水作为设计标准，即芦苞水闸闸外水位为 13.20m。

　　如图 4.2 所示，芦苞水闸共分 7 孔，其中，中孔长 23m，设置上游坝高为 6.80m 的滚水坝，坝顶高程 8.69m，不设闸门，为开敞式溢流；中孔两侧各为净宽 10m 的 3 个闸孔，闸顶高程12.09m，底部设置低堰，堰顶高程 3.89m，上游堰高 2.0m，均设有平板式钢闸门；闸前铺盖长 47m，高程 1.89m。洪水期，芦苞水闸限制向芦苞涌的分洪流量（设计分洪流量为 1200m³/s），以减轻下游广州等重要防护对象和北江大堤及北江下游的防洪压力；平水期，水闸向芦苞涌引水，为广州用水及改善水环境创造有利条件。

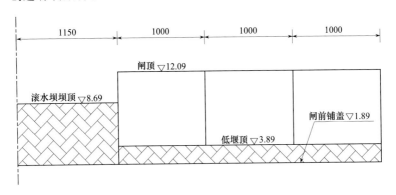

图 4.2　芦苞水闸（1923 年水闸）示意图（单位：m）

随着广州市社会、经济的快速发展，对防洪工程提出了更高的防御标准，年久失修的芦苞水闸已难以满足新的防洪要求。因此，1983 年北江大堤加固时，对芦苞水闸进行改建，并于 1987 年竣工验收并投入使用（称该闸为 1987 年水闸）。新建水闸按二级水工建筑物、百年一遇洪水位设计，设计水头差 5.50m，相应最大泄流量 1200m³/s。新闸横向全长 101m，分为七墩八孔，孔口尺寸 10m×4m（宽×高），闸底为驼峰堰，堰顶高程 4.49m，每孔设潜孔弧形钢闸门。与 1923 年水闸调度原则一致，新闸洪水期为北江承担分洪任务，设计分洪流量为 1200m³/s，平水期则向芦苞涌引水，但由于北江干流河床下切导致附近水位大幅降低，平水期水闸分水时间明显减少。

因此，为了在确保防洪安全的前提下，最大限度地向芦苞涌分流以提高下游取水保证率，2005 年启动的"两涌一河"整治工程对芦苞水闸进行重建，2007 年全面建成（称该闸为 2007 年水闸）。如图 4.3 所示，新闸闸址向 1923 年水闸下游平移 33m，按一级水工建筑物、百年一遇洪水位设计，闸前设计水位13.24m，闸后设计水位7.50m，设计分洪流量1200m³/s。新闸横向全长78m，布置4孔15.0m×3.5m（宽×高）潜孔式闸孔，过流总净宽60m，边墩厚3m，缝墩厚4m（一孔一缝），每孔设置平板钢闸门。新闸底板高程由4.49m降至−0.50m，胸墙底高程为3.00m。由于底板高程降低，芦苞水闸在保证防洪安全的同时，还可以保证每年向芦苞涌引水15亿m³，这将显著提高下游河涌各取水工程的取水保证率。

4.2.2 河道下切及水位变化分析

根据研究区域的河床节点情况，主要对石角—芦苞段的河床及水位变化情况分析。

4.2.2.1 1965—1999年河床变化分析

（1）河道深泓线纵向的变化趋势。河道深泓线纵向的变化趋势见图4.4、图4.5。

1）石角—大塘河段：左汊河床深泓线从1965—1999年总的变化趋势为略为冲刷。主要分两个时期，1975年以前为淤积，之后开始冲刷，特别是1975—1987年冲刷较为明显；1987—1999年冲淤交替变化；右汊河床深泓线变化趋势相对稳定，在1990年以前，总的变化趋势呈淤积，但个别断面也有冲刷的现象，在1990—1999年，其深泓线有冲刷下切的趋势，但冲刷的速度不大，个别断面冲刷大些。

2）芦苞段：左汊深泓线变化较为剧烈，年际间的变化较大，在1990年前表现为大淤大冲的交替变化规律，说明该段河床演变较为剧烈，在1990—1999年间，深泓线纵向的变化明显呈冲刷下切的趋势，而且冲刷下切的速度非常快，几乎全河段整体冲刷下切，特别是在四姓洲头至芦苞水闸河段，平均冲深4～5m，该段历史的险工险段较多，应引起足够重视；其右汊的深泓线的变化除个别断面亦有冲刷外，整体呈淤积的趋势。

（2）河床平均高程纵向变化河床平均高程纵向变化见图4.6、图4.7。

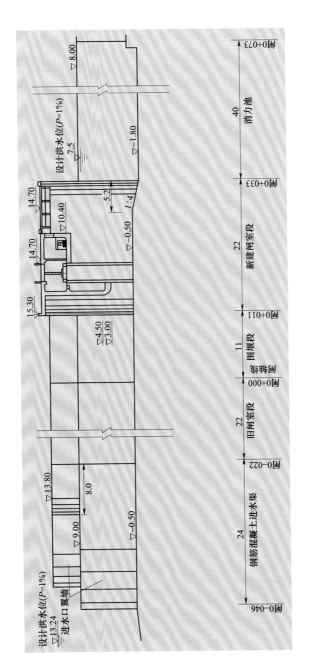

图 4.3 芦苞水闸（2007 年水闸）剖面布置示意图（单位：m）

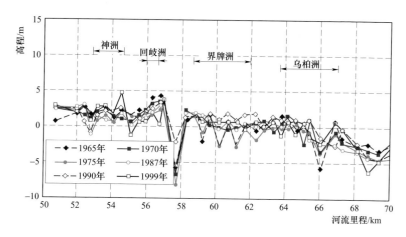

图 4.4　1965—1999 年石角至大塘河段深泓线变化图

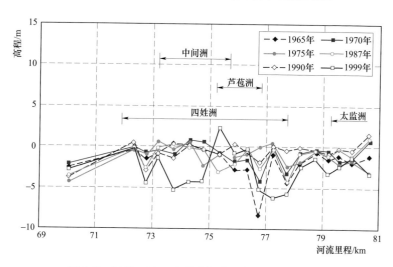

图 4.5　1965—1999 年芦苞河段河床深泓线变化图

1）石角—大塘段：左汊河床变化为上段淤积中、下段冲刷的规律；右汊则为上淤下冲的规律，前期冲刷，后期淤积的变化规律，年际间的冲淤交替变化，没有明显整体冲刷下切的趋势。

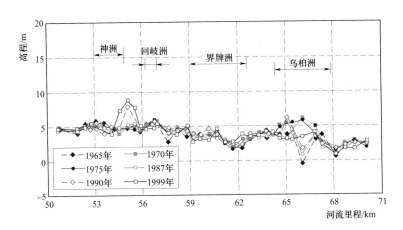

图 4.6　1965—1999 年石角至大塘河段河床平均高程变化图

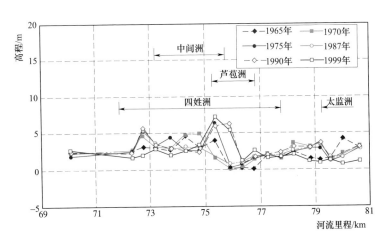

图 4.7　1965—1999 年芦苞河段河床平均高程变化图

2）芦苞段：左汊河床变化较大，全河段左汊略呈冲刷的变化趋势，1987 年以前，冲淤交替变化，总体上没有明显的冲刷或淤积的趋势；右汊河床除长潭防汛亭河段冲淤变化较大外，其他河段略呈淤积的规律。1990—1999 年河床平均高程，其左汊冲淤交替变化，表现为头尾段冲，特别是在芦苞镇到芦苞水闸管理处河段，冲深 1.5～2.5m，中间段略淤，但不明显；右汊 1975 年前为淤积，1975—1990 年为冲刷，之后又开始淤积的趋势。

（3）不同时段的冲淤变化及其规律。

1）1965—1970 年河床冲淤变化。北江干流石角—芦苞河段 1965—1970 年河床的冲淤变化总的趋势为淤积，其中：石角—大塘河段上冲下淤，冲淤基本平衡，略淤积约 70.3 万 m³；芦苞段呈淤积的趋势，淤积约 239.7 万 m³。

2）1970—1975 年河床冲淤变化。1970—1975 年石角—芦苞河段，河床呈略微冲刷的趋势，总淤积量为 118.58 万 m³，其中：石角—大塘段略呈冲刷，冲刷量为 33.12 万 m³；芦苞段呈冲刷的趋势，冲刷量为 85.46 万 m³。

3）1975—1987 年河床冲淤变化。北江干流石角—芦苞河段在 1975—1987 年的 12 年河床演变中，其冲淤的规律，相比 1965—1975 年，变化非常明显，主要表现在研究河段的河床大部分冲刷现象非常明显，特别是石角—大塘河段，河床冲刷 258.74 万 m³，芦苞段淤积 116.80 万 m³。分析其原因除了来水来沙变化外，无序的人为采砂是其主要原因。

4）1987—1990 年河床冲淤变化。与前三个时段比较，1987—1990 年北江干流石角—芦苞河段河床冲淤变化主要呈明显冲刷的变化趋势，总的冲刷量为 473.16 万 m³，平均每年冲刷 118.29 万 m³。在石角—大塘段，上半段表现为冲刷，下半段表现为淤积，全段累积冲刷量为 94.10 万 m³；芦苞段总的趋势为冲刷，也有个别断面淤积，但量很小，该段的冲刷量为 379.06 万 m³，是 20 世纪 80 年代末北江下游河段冲刷最明显的河段之一。

5）1990—1999 年河床冲淤变化。北江干流石角—芦苞河段河床演变在 1990—1999 年较为剧烈，其中有人为取沙，也有航道整治工程，另外上游来水来沙的变化都直接影响到其河床的演变。该时段河床总的冲刷量为 1321.3 万 m³，平均每年的冲刷量为 146.81 万 m³。石角—大塘段冲刷量为 518.08 万 m³，芦苞段冲刷量为 803.22 万 m³，河床的冲刷由下游往上游发展，其发展趋势十分明显。

4.2.2.2　1999—2007 年河床变化分析

（1）河道深泓线纵向的变化趋势。北江干流石角—芦苞河段河道深泓线纵向变化总的表现为：以冲刷下切为主，部分河段有淤高现象，但淤高的幅度较小。

石角至大塘河段：1999—2004 年总体表现为明显下切（见图 4.8）。左汊除了个别断面外，全河段大幅度下切，下切幅度最大的为河道左汊大沙西防汛亭附近断面，切深达 8.77m；河道右汊主要表现为下切，部分河段也出现局部淤高，但淤高的幅度都较小，如岗仔村附近淤高 1.04m，梅洲水闸断面淤高 0.84m，最大淤高断面为芒洲头断面，深泓线局部淤高为 2.09m。2004—2007 年，河道深泓继续整体下切，仅回岐洲河道有所淤积，其余河段深泓大幅下切，下切幅度达 2.1m，其中深泓下切幅度最大的河段为界牌洲及邓塘洲河段，下切幅度超过 3m，下切幅度最大河段位于界牌洲下游，最大下切幅度达 4.6m。

1999 年、2004 年、2007 年石角至大塘河段深泓线变化曲线见图 4.8。

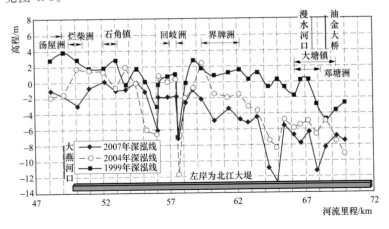

图 4.8　1999 年、2004 年、2007 年石角至大塘河段深泓线变化图

芦苞河段：总体表现为明显下切，除了四姓洲尾部右汊出现局部淤高外，本河段左右汊深泓线均出现较大幅度下切，下切幅度最大的断面位于上村沙防汛亭附近，达 7.70m。2004—2007年，蚬肉洲河道深泓冲淤交替，四姓洲至太监洲河段河床深泓大幅下切，下切幅度超过 5m，深泓最大下切幅度河段位于芦苞水闸附近，最大下切幅度可达 15m。

（2）河床平均高程纵向变化。河床平均高程变化是反映河道河床演变的重要参数，1999 年、2004 年和 2007 年北江下游河床沿程变化见图 4.9。

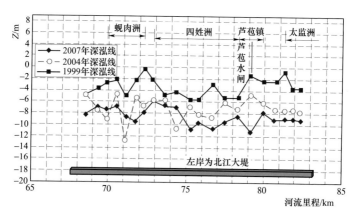

图 4.9　1999 年、2004 年、2007 年芦苞河段深泓线变化图

石角至大塘河段：1999 至 2004 年，全河段为明显下切，除了界牌洲左汊的个别断面、邓塘洲头、漫水河口下游（邓塘洲右汊）出现淤积外，其他河段都出现明显的冲刷下切，其中界牌村的下游下切幅度较大，界牌村下游的梅洲村尾下切幅度达4.68m，上灵洲头断面为本河段淤积高度最高的断面，淤高达1.99m，本河段平均高程总体表现为明显下切，下切的平均幅度左汊为 1.19m，右汊为 0.95m。2004—2007 年该河段继续呈大幅下切之势，下切的平均幅度为 0.74m，石角镇至下灵洲主槽普遍下切，下切幅度超过 1.5m，下灵洲至界牌洲头河段主要表

现为主槽轻微下切，界牌洲尾至邓塘洲河段河槽主槽大幅下切，下切幅度超过1.3m，其中邓塘洲左汊变化不大，右汊下切明显，大塘镇附近河段也呈下切之势。

芦苞（蚬肉洲头至太监洲头）河段：在蚬肉洲头至太监洲头河段除了个别断面（如蚬肉洲尾断面）这一河段的左汊都表现为冲刷下切；蚬肉洲的右汊则为明显的冲刷下切，四姓洲右汊河床平均高程为冲淤交替，本河段淤积最高处为四姓洲右汊芦苞镇上游处为1.63m，芦苞水闸下游明显冲刷下切。冲刷深度最大的断面为芦苞水闸管理处右汊断面，刷深深度为5.06m。本河段河床平均高程总体表现为明显下切，下切的平均幅度左汊为2.10m，右汊为1.37m。2004—2007年，本河段河床平均高程继续下切，平均下切幅度为2.47m。大塘镇至蚬肉洲头河床冲淤动态平衡，总体变化不大，蚬肉洲断面主槽局部出现冲刷深坑，蚬肉洲尾至芦苞洲头河段主槽呈小幅下切，在芦苞洲中段浅滩处形成一较大的冲刷深坑，冲刷幅度超过8m，四姓洲右汊也下切幅度较大，下切深度达6m以上，太监洲洲头处边滩总体下切，太监洲中段河床变化较小。

（3）冲淤变化及其规律。1999—2007年北江干流石角—芦苞河段经历了一系列人类活动影响，包括1999—2004年进行的北江下游航道整治工程以及北江下游大规模河道采砂活动，这些人类活动深刻改变了北江下游自然冲淤演变的格局。1999—2004年，河床冲刷强度最大的河段为石角至大塘河段及芦苞河段，冲刷总量分别为2613.5万m^3和2443.4万m^3，年均冲刷量分别为522.7万m^3/a和488.69万m^3/a；2004—2007年，石角至大塘河段及芦苞河段，冲刷总量分别为1595.9万m^3和1689.1万m^3，年均冲刷量分别为398.97万m^3/a和424.53万m^3/a。

北江干流石角—芦苞2004—2007年河床冲淤平面变化见图4.10。从图4.10中可以看出，石角至大塘河段在界牌洲至邓塘洲河段沙洲浅滩及边滩坝田区内形成大片冲刷区，冲刷深度在4～8m之间，邓塘洲洲头侵蚀严重，此外在河道主航槽内冲刷区

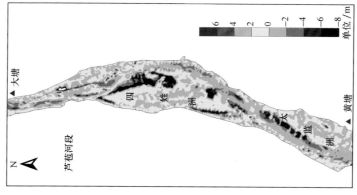

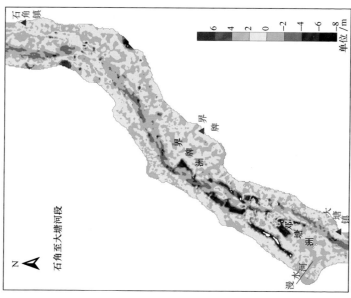

图 4.10　北江干流石角—芦苞河段 2004—2007 年河床冲淤平面变化图
（正为淤积，负为冲刷）

也呈条带状分布，冲刷深度在 2m 以内；芦苞河段四姓洲东翼浅滩及太监洲西翼浅滩大幅冲刷，冲刷深度均在 2～8m 之间，江心洲遭到大幅破坏，沙洲面积锐减，高程大幅下切，在河道主航槽内同样形成条状冲刷带，其余边滩坝田区基本冲淤动态平衡。

4.2.2.3 受河床变化影响的水位变化分析

本次研究区域为北江干流石角—芦苞河段，其中，包括了北江控制站点石角水文站。石角水文站属国家站，监测系列资料较长，数据资料的质量可靠，代表性较好。而且根据对石角—芦苞水文站相关关系的分析可知，石角、芦苞两个站点水位具有很好的相关性，其水文变化规律基本一致，因此，主要选取石角站作为本次研究区域的代表站点。

石角水文站 1952—2010 年逐年的平均水位和平均流量过程线见图 4.11。

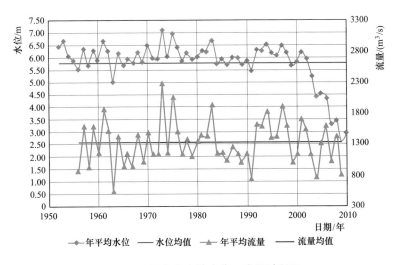

图 4.11　石角水文站水位、流量过程图

从图 4.11 流量曲线上看，石角站流量长系列中平水年、枯水年和丰水年依次循环出现，资料系列完整包含了平水年、枯水年和丰水年的变化周期，各年平均流量均在均值附近波动，没有

出现较大的突变情况。

从图 4.11 水位曲线上看，2000 年以前，石角站水位序列的上升、下降趋势与流量序列比较吻合，各年份水位变化情况与流量变化基本一致，说明该阶段，石角站水位的变化主要受来水条件的影响；2000 年以后，石角站水位下降非常严重，远远低于历年的平均值，而对应年份的流量值并没有出现非常明显的变化，结合前面分析成果，表明研究区域 20 世纪 90 年代以后，人们开始对河道进行大规模地采砂，河道不断冲刷，河床下切严重，是导致该地区水位变化异常的主要原因。

（1）石角站水位流量关系变化分析。不同年份下石角站的低水位流量关系见图 4.12 及表 4.1，由图 4.12、表 4.1 可以看出：在 20 世纪 90 年代前，石角站的水位流量关系较稳定，发生较明显变化是自 2000 年之后，尤其 2002 年、2003 年、2005 年、2006 年、2007 年、2010 年水位流量关系具有"绳套"型变化，枯水期同一流量下年末水位较年初水位降低 0.4～0.8m，而2010 年年末初水位较年初水位降幅达 1.1m；中洪水期同一流量下水位也有不同程度下降，2010 年较 2000 年相比（见表 4.1），300m³/s 流量级的水位已下降近 4.12m，600m³/s 流量级的水位

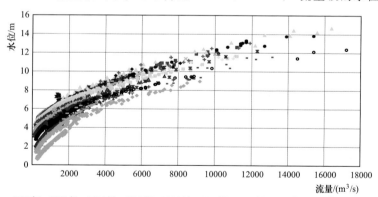

◆1992年 ■1993年 ▲1994年 ×1995年 ×1996年 ●1997年 ＋1998年 -1999年 -2000年
○2001年 ■2002年 ▲2003年 ×2004年 ×2005年 ○2006年 ＋2007年 -2008年 -2009年 ○2010年

图 4.12　石角站各年份水位流量关系图

下降 3.87m，800m³/s 流量级的水位下降 3.77m，1000m³/s 流量级的水位下降 3.8m，2000m³/s 流量级的水位下降 3.12m。

表 4.1 石角站不同年份低水位流量关系表

流量 /(m³/s)	300	600	800	1000	2000
1960 年	4.78	5.44	5.79	6.04	7.12
1970 年	4.76	5.47	5.84	6.16	7.28
1980 年	4.78	5.37	5.72	6.07	7.09
1990 年	4.79	5.38	5.66	5.87	6.94
1991 年	4.70	4.38	5.66	5.91	6.86
1992 年	4.83	5.48	5.78	6.03	7.03
1993 年	4.82	5.50	5.79	6.02	7.01
1994 年	4.94	5.49	5.81	6.07	7.14
1995 年	4.93	5.41	5.71	5.96	6.96
1996 年	4.73	5.39	5.66	5.90	6.95
1997 年	4.71	5.37	5.69	5.96	6.93
1998 年	4.74	5.37	5.66	5.92	6.88
1999 年	4.75	5.32	5.68	6.00	7.25
2000 年	4.73	5.29	5.61	5.9	7.02
2001 年	4.63	5.10	5.40	5.75	7.00
2002 年	4.53	5.07	5.37	5.65	6.80
2003 年	4.08	4.72	5.06	5.35	6.47
2004 年	3.63	4.41	4.75	5.05	6.20
2005 年	3.17	4.04	4.40	4.72	5.95
2006 年	2.32	3.42	3.85	4.20	5.60
2007 年	1.92	2.86	3.30	3.67	5.07
2008 年	1.62	2.66	2.98	3.24	4.93
2009 年	1.41	2.51	2.87	3.05	4.90
2010 年	0.61	1.42	1.84	2.10	3.90

（第一列"水位/m"为表格左侧竖排表头）

2000 年以前，石角站各年份水位流量数据点基本位于同一水位流量关系曲线上，可见 20 世纪 90 年代以前，石角站河段河床变化相对较小，同一流量下的水位相对比较稳定。而 2000 年以后的水位流量数据点在图 4.12 上有逐渐向下移动的变化，这与 90 年代以后，石角站河段河床下切日益加剧有直接的关系。可见，在来水量不变的情况下，石角站水位逐渐下降，且越来越明显。

（2）芦苞站水位流量关系变化分析。不同年份下石角站的水位流量关系见图 4.13 及表 4.2，由图 4.13、表 4.2 可以看出：从 20 世纪 90 年代开始，芦苞站水位开始有下降的趋势，与 1991 年相比，1999 年 2000m³/s 流量级的水位下降 0.33m，2500m³/s 流量级的水位下降 0.57m，3000m³/s 流量级的水位下降 0.26m。从图 4.13 的拟合曲线可以更好的看出，90 年代以来，相同流量下的水位有明显的下降变化。

表 4.2　　　　　　芦苞站不同年份低水位流量关系表

流量/(m³/s)		500	1000	1500	2000	2500	3000
水位 /m	1958 年		3.16	3.71	4.31	4.64	4.97
	1959 年	2.30	3.17	3.60	4.29	4.98	5.23
	1960 年	2.69	3.38	4.07	4.76	5.45	5.43
	1962 年	2.63	3.25	3.87	4.49	5.11	5.28
	1963 年	2.27	2.87	3.63	4.12	4.61	5.13
	1991 年	2.17	2.88	3.53	3.88	4.46	4.77
	1997 年			3.55	3.93	4.51	

对比石角站和芦苞站的水位流量关系变化，石角站自 2000 年开始，水位下降明显；与石角站的水位变化相比，芦苞站水位受河床下切影响的时间更早，且越来越明显。

4.2.3　研究思路及资料整理

4.2.3.1　研究思路

本研究的主要目的是分析计算由于附近北江干流河床下切，

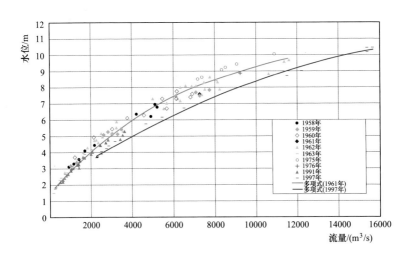

图 4.13　芦苞站各年份水位流量关系图

北江向芦苞涌分水情况的变化，来间接研究河床下切对无坝取水保证率的影响；以及采取工程措施（降低闸底板高程）对提高取水保证率的效果。为将该问题分析透彻，确定主要研究思路如下：

（1）以河床明显下切前芦苞（二）站年均水位进行排频，选取水位保证率为97%和50%的典型年，计算各典型年1923年水闸、1987年水闸的分流情况。

（2）根据（1）中选取典型年的石角站逐日流量，按照2010年石角水位—流量关系及石角、芦苞两站水位相关关系式（4.7），得到各典型年上游来流不变但河床下切情况下芦苞（二）站的逐日水位序列，依据该序列计算各典型年在河床下切情况下1923年水闸、1987年水闸的分流情况。

（3）将（1）与（2）对应工况计算结果进行对比，以分析研究由于河床下切、水位下降造成的分流变化。

（4）将2007年水闸的重建视为改善芦苞涌分水的工程措施，计算其在河床下切情况下的分水情况，并与（1）、（2）中对应结果进行对比，以分析工程措施的实施对提高取水保证率的效果。

4.2.3.2 基本资料整理

（1）芦苞水闸过流量与上游水位关系。

1）1923年水闸过流量与上游水位关系。由图4.2可知，1923年水闸过流量主要包括两部分：两侧闸孔过流量和中间滚水坝过流量。根据1979年5月广东省水利水电科学研究所（即现在的广东省水利水电科学研究院）《芦苞水闸水工模型试验报告》中有关试验数据得到水闸闸门全开时两部分过流量与上游水位关系曲线，见图4.14、图4.15。

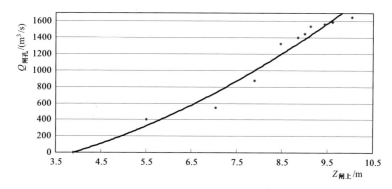

图4.14　闸门全开时闸孔过流量与闸上水位关系曲线图

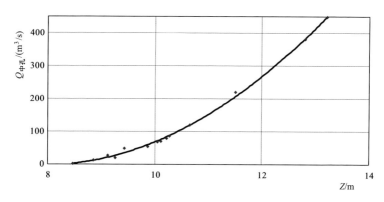

图4.15　中间滚水坝过流量与闸上水位关系曲线图

经回归分析得其关系为：

$$Q_{闸孔} = 19.466 \times Z_{上}^2 + 20.215 \times Z_{上} - 375.33$$

$$(Z_{上} > 3.89\mathrm{m}) \tag{4.1}$$

$$Q_{滚水坝} = 16.024 \times Z_{上}^2 - 252.84 \times Z_{上} + 994.21$$

$$(Z_{上} > 8.69\mathrm{m}) \tag{4.2}$$

1923 年水闸的过流量 $Q_{总} = Q_{闸孔} + Q_{滚水坝}$。

2）1987 年水闸过流量与上游水位关系。广东省水利水电科学研究所 1984 年 11 月针对 1987 年水闸进行了物理模型试验并编写了《芦苞水闸断面模型比较试验报告》。该报告对水闸洪水期间的泄流能力进行了研究，但没有涉及低水位时水闸过流能力的相关内容。因此，本研究通过以下方法间接得到 1987 年水闸过流量—水位关系。

广东省水利水电科学研究院在 2003 年 12 月对北江大提加固达标工程芦苞水闸改建方案进行了物理模型试验研究（《北江大堤加固达标工程芦苞水闸改建水工模型试验研究》），对各改建方案闸门全开时水闸过流量与上游水位的关系进行了试验测定。其中，改建方案一（图 4.16）保留原芦苞水闸（即 1987 年水闸）左边 4 孔水闸，将右边四孔水闸拆除，改建两孔 15.0m×3.5m（宽×高）的深水水闸，闸底板高程−0.50m（与 2007 年水闸相同）。因此，改建方案一可以看成是 1987 年水闸与 2007 年水闸的组合。在这种情况下，可以结合 2007 年水闸各水位下的过流量通过计算得到 1987 年水闸的过流量，计算过程见表 4.3。

表 4.3　　1987 年水闸闸门全开时水位流量关系计算表

	闸上水位/m	5	6	7	8	9
流量 /(m³/s)	2 孔新闸＋4 孔旧闸①	300.0	447.8	650.52	908.26	1221.03
	4 孔新闸②	432.3	642	846.4	1045.5	1202.8
	8 孔旧闸（即 1987 年水闸）2×①−②	167.7	253.6	454.64	771.02	1239.26

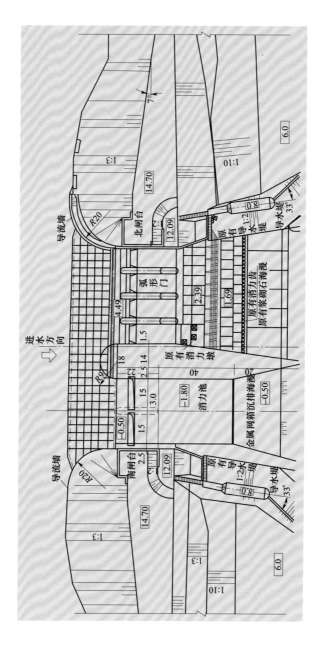

图 4.16 芦苞水闸改建方案一平面布置图（2003 年，广东水利水电科学研究院）

经回归分析得到 1987 年水闸过流量与上游水位关系如下：

$$Q = 45.336 \times Z_{上}^2 - 354.33 \times Z_{上} + 734.03 \quad (Z_{上} > 4.49\text{m})$$

$$(4.3)$$

3）2007 年水闸过流量与上游水位关系。广东省水利水电科学研究院在 2004 年 2 月针对 2007 年重建水闸的初设推荐方案进行的物理模型试验研究中，对闸门全开时水闸过流量与上游水位的关系进行了试验测定。试验方案与最终采用方案的闸孔过流总净宽均为 60m，但其设置 3 孔 20m×3.5m（宽×高）的闸孔，而不是 4 孔 15.0m×3.5m（宽×高），其他布置则基本相同。根据水力计算手册，两种布置型式的水闸过流能力仅在堰流情况下由于流量系数不同而有所差别，而闸孔出流情况下由于边墩及闸墩对过流量影响很小，可认为两种布置型式的水闸过流能力相同。因此，通过计算、查表分别确定两种闸孔布置型式在堰流情况下的流量系数，对试验数据中堰流部分进行修正，得到 2007 年水闸闸门全开时水位关系见表 4.4。

表 4.4　　　　2007 年水闸闸门全开时水位流量关系表

水位/m	1	2	3	4	5
流量/(m³/s)	13.2	30.0	75.6	217.2	432.3
水位/m	6	7	8	8.83	9
流量/(m³/s)	642	846.4	1045.5	1202.8	1239.1

对于底板为平顶堰的水闸，当相对开度 $e/H \leqslant 0.65$ 时，出流属于闸孔出流，当 $e/H > 0.65$ 时，出流属于堰流。根据该判别标准，计算得到 2007 年水闸闸孔出流和堰流转换的界限水位 $Z_{上} = 4.88\text{m}$，经回归分析得到 2007 年水闸过流量与上游水位关系如下：

对于堰流（$-0.5\text{m} < Z_{上} < 4.88\text{m}$）

$$Q = 11.297 \times Z_{上}^3 - 53.391 \times Z_{上}^2 + 97.898 \times Z_{上} - 42.603$$

$$(4.4)$$

对于闸孔出流（$Z_{上} \geqslant 4.88\text{m}$）

$$Q = -2.8971 \times Z_{上}^2 + 241.85 \times Z_{上} - 704.62 \quad (4.5)$$

这样，当已知闸上水位［即芦苞（二）站水位］时，就可以根据上述各关系式得到各水闸的过流量。考虑到芦苞水闸为限流闸，设计过流量为 $1200\mathrm{m}^3/\mathrm{s}$。因此，当计算结果大于设计流量时取 $1200\mathrm{m}^3/\mathrm{s}$。

（2）石角、芦苞（二）水位相关关系。由上面分析可知，计算有闸或天然情况下的过流量，都需要知道芦苞涌口处的北江水位，即芦苞（二）站的水位。但芦苞（二）站水位观测系列较短，可能不满足研究需求，考虑到上游的石角水文站水位系列较长，故作如下处理：根据石角水文站、芦苞（二）水位站水位同步观测数据，建立两站水位相关关系，然后依此相关关系将芦苞（二）站水位系列延长。

根据两站 1953 年 7 月至 1962 年 10 月的水位同步观测结果，得到两站相关关系见图 4.17。

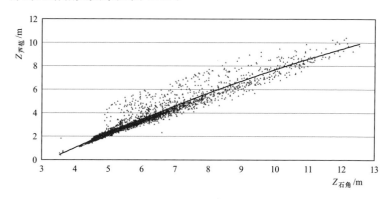

图 4.17　芦苞（二）站—石角站水位相关关系曲线图

从图 4.17 中可以看到，在拟合曲线上方存在较多实测点据，分析认为是西江水流顶托作用所致。经拟合回归分析，两站水位相关关系为：

$$Z_{芦苞(二)} = -0.0277 \times Z_{石角}^2 + 1.4974 \times Z_{石角} - 4.5309$$

$$(4.6)$$

（3）石角站 2010 年水位—流量关系。为分析由于河床下切造成的芦苞涌分流变化，就需要确定河床下切引起的水位下降情况。从前面分析可知，北江石角—芦苞河段水位在 2000 年以后出现大幅下降，因此本研究选择 2010 年作为河床下切后的代表年并确定该年石角站水位—流量关系，由此关系即可得到河床下切后任一流量下的水位，将该水位与河床下切前相应流量下的水位进行对比，即可确定该流量下由于河床下切造成的水位降低情况。

石角站 2010 年水位—流量关系见图 4.18，经回归分析可得：

$$Z_{石角} = -1 \times 10^{-7} \times Q^2 + 0.002 \times Q + 0.589 \quad (Q < 2100)$$

$$Z_{石角} = 2.904 \times \ln Q - 17.86 \quad (Q \geqslant 2100) \quad (4.7)$$

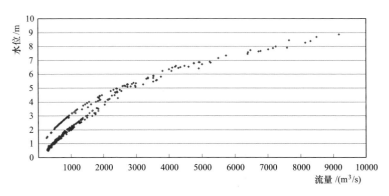

图 4.18　石角站 2010 年水位—流量关系曲线图

4.2.3.3　代表年的选取

依据公式（4.6）对芦苞（二）站水位系列进行插补和延长，得到该站 1953—1999 年逐日水位系列，经过统计计算得到 1953—1999 年芦苞（二）站年均水位序列，按 P-Ⅲ型曲线进行适线分析（见图 4.19），得到芦苞（二）站各频率水位。由计算结果可知，保证率 $P = 97\%$ 和 $P = 50\%$ 的水位分别为 2.63m 和 3.46m。据此，本研究选取 1991 年（$Z = 2.81$m）作为水位保证率为 97% 的典型年，1995 年（$Z=3.47\mathrm{m}$）作为水位保证率为 50% 的典型年。

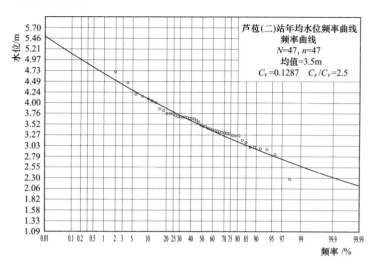

图 4.19 芦苞（二）站年均水位 P-Ⅲ型曲线分析结果图

4.2.4 河床下切对取水保证率的影响分析

4.2.4.1 河床下切前分流情况

（1）97% 典型年（1991 年）。按照公式（4.6）由石角水文站 1991 年水位数据推求芦苞（二）站 1991 年逐日水位见图 4.20。根据统计，芦苞（二）站水位分别有 51d 和 30d 高于

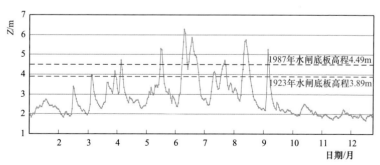

图 4.20 1991 年芦苞（二）站逐日水位变化图（下切前）

1923 年水闸中孔滚水坝底高程 3.89m 和 1987 年水闸底板高程 4.49m，即 1923 年水闸和 1987 年水闸工况下全年分别有 51d 和 30d 可以向芦苞涌分水。

按照公式（4.1）～式（4.3）分别计算了 1923 年水闸及 1987 年水闸工况下北江向芦苞涌的逐日分流流量（图 4.21），并据此统计了两工况下的月平均分流流量及分水总量情况（见图 4.22）。

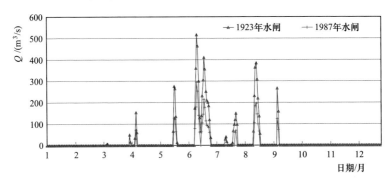

图 4.21 北江向芦苞涌逐日分流流量变化图（1991 年、下切前）

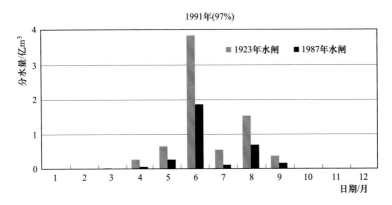

图 4.22 北江向芦苞涌各月分水量变化图（1991 年、下切前）

从全年情况看，1923 年水闸工况下，年均分流流量为 22.9m³/s，全年分水总量为 7.23 亿 m³，1987 年水闸将闸底板高程抬高后，年均分流流量减小为 10.1m³/s，全年分水总量仅为 3.17 亿 m³。

从年内各月情况看，1923 年水闸修建后，有 5 个月不能向芦苞涌分水，最大月均分流流量为 148.5m³/s（6 月）；1987 年水闸工况下，分水时间减少，最大月均分流流量为 72.2m³/s（6月）。

（2）50％典型年（1995 年）。按照公式（4.6）由石角水文站 1995 年水位数据推求芦苞（二）站 1995 年逐日水位如图 4.23 所示。根据统计，芦苞（二）站水位分别有 111d 和 48d 高于 1923 年水闸中孔滚水坝底高程 3.89m 和 1987 年水闸底板高程 4.49m，即 1923 年水闸和 1987 年水闸工况下全年分别只有 111d 和 48d 可以向芦苞涌分水。

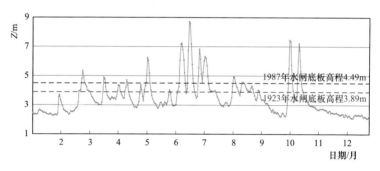

图 4.23　1995 年芦苞（二）站逐日水位变化图（下切前）

同上，按照公式（4.1）～式（4.3）分别计算了 1923 年水闸及 1987 年水闸工况下北江向芦苞涌的逐日分流流量（图 4.24），并据此统计了各工况下的月平均分流流量及分水总量情况（图 4.25）。

从全年情况看，1923 年水闸工况下，年均分流流量为 60.0m³/s，全年分水总量为 18.88 亿 m³；1987 年水闸将闸底板高程抬高后，年均分流流量减小为 33.5m³/s，全年分水总量仅为 10.55 亿 m³。

从年内各月情况看，1923 年水闸修建后，有 3 个月（1 月和

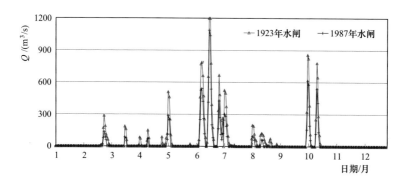

图 4.24　北江向芦苞涌逐日分流流量变化图（1995 年、下切前）

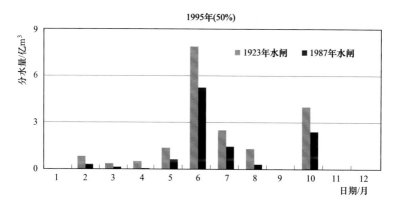

图 4.25　北江向芦苞涌各月分水量变化图（1995 年、下切前）

11—12 月）不能向芦苞涌分水，最大月均分流流量为 304.0m³/s（6 月）；1987 年水闸工况分水时间较 1923 年水闸工况减少，各月分流流量较 1923 年水闸明显减小，最大月均分流流量为 202.2m³/s（6 月）。

4.2.4.2　河床下切后分流情况

（1）97%典型年（1991 年）。按照公式（4.7）、式（4.6）由石角水文站 1991 年石角站逐日流量数据推求河床下切后芦苞（二）站 1991 年逐日水位见图 4.26。可以看到，河床下切后全年水位均低于 1923 年水闸中孔滚水坝底高程 3.89m 和 1987 年水闸底板高程

4.49m。因此，两工况下全年北江向芦苞涌均不能分流。

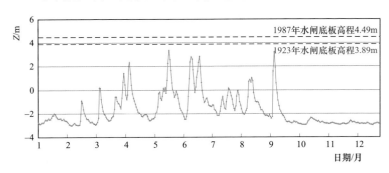

图 4.26　1991 年芦苞（二）站逐日水位变化图（下切后）

（2）50％典型年（1995 年）。河床下切后芦苞（二）站 1995 年逐日水位见图 4.27。根据统计，芦苞（二）站水位分别只有 17d 和 10d 高于 1923 年水闸中孔滚水坝底高程 3.89m 和 1987 年水闸底板高程 4.49m，即 1923 年水闸和 1987 年水闸工况下全年分别只有 17d 和 10d 可以向芦苞涌分水。

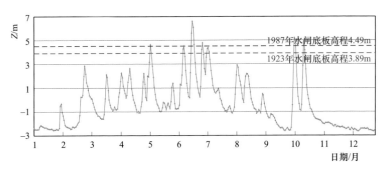

图 4.27　1995 年芦苞（二）站逐日水位变化图（下切后）

河床下切后各工况下北江向芦苞涌的逐日分流流量计算结果见图 4.28，据此统计了各工况下的月平均分流流量及分水总量情况（见图 4.29）。

从全年情况看，1923 年水闸工况年均分流流量为 8.0m³/s，全年分水总量为 2.52 亿 m³；1987 年水闸将闸底板高程抬高后，年均分流流量减小为 3.7m³/s，全年分水总量仅为 1.17 亿 m³。

从年内各月情况看，1923 年水闸和 1987 年水闸工况，均仅有 4 个月份（5—7 月和 9 月）可以向芦苞涌分水，最大月均分流流量分别为 65.7m³/s 和 33.2m³/s（6 月）。

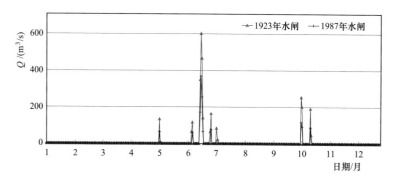

图 4.28　北江向芦苞涌逐日分流流量变化图（1995 年、下切后）

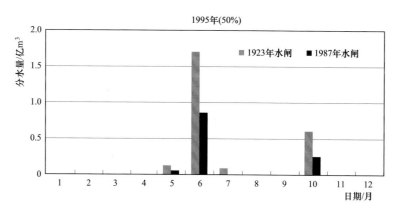

图 4.29　北江向芦苞涌各月分水量变化图（1995 年、下切后）

4.2.4.3　河床下切前、后分流情况对比

河床下切前、后各工况分流时间变化统计见表 4.5，由表 4.5 中数据可知，两工况河床下切后分流时间较下切前出现了不同程度的减少，枯水年分流时间减少更为明显，1991 年两工况分流时间均减少 100%。

表4.5   河床下切前、后各工况分流时间统计表   单位：d

工况	1991年			1995年		
	下切前	下切后	减少比例	下切前	下切后	减少比例
1923年水闸	51	0	100.00%	111	17	84.68%
1987年水闸	30	0	100.00%	48	10	79.17%

河床下切前、后各工况年均分流流量统计见表4.6。从表4.6中可以看到，河床下切后各工况年均分流流量较下切前出现较大幅度的减少，1991年减少幅度均为100%，1995年减少幅度在78.4%～100%之间。

从对比结果可以明显看出，河床下切导致北江向芦苞涌的分水时间及分水流量均大幅减少，这势必会对下游河涌的取水保证率造成明显不利影响。

4.2.5　工程措施效果研究

由第4.2.1条知，为增加北江向芦苞涌的分水，提高下游河涌取水保证率，2007年水闸将闸底板高程由4.49m降至－0.50m。为分析该工程措施提高取水保证率的效果，本研究对河床下切后2007年水闸工况的分流情况进行了计算，并将计算结果与1923年水闸及1987年水闸对应结果进行对比。

4.2.5.1　97%典型年

河床下切后芦苞（二）站97%典型年逐日水位见图4.30。根据统计，2007年水闸将底板高程降至－0.50m后全年共有62d可向芦苞涌分水，而1923年水闸和1987年水闸在97%典型年全年都不能向芦苞涌分水。

表4.7统计了工程前（2007年水闸工况）月平均分流流量及其与1923年和1987年水闸工况的月平均分流流量的对比情况。由表4.7可以看到，1923年水闸及1987年水闸全年不能向芦苞涌分水，而2007年水闸年均分流流量为2.9m³/s，最大月均分流流量分别为13.1m³/s（6月），较前两个工况分水情况明显改善。

表 4.6 河床下切前、后各工况年均分流流量统计表

单位：m³/s

典型年		月份	1	2	3	4	5	6	7	8	9	10	11	12	全年
1991	1923年水闸	下切前	0	0	0.37	10.4	24.3	148.5	20.5	57.1	14.3	0	0	0	22.9
		下切后	0	0	0	0	0	0	0	0	0	0	0	0	0
		减小比例	—	—	100.0%	100.0%	100.0%	100.0%	100.0%	100.0%	100.0%	—	—	—	100.0%
	1987年水闸	下切前	0	0	0	2.31	10.1	72.2	4.11	25.8	6.56	0	0	0	10.1
		下切后	0	0	0	0	0	0	0	0	0	0	0	0	0
		减小比例	—	—	—	100.0%	100.0%	100.0%	100.0%	100.0%	100.0%	—	—	—	100.0%
1995	1923年水闸	下切前	0	34.7	14.6	19.7	51.9	304	93.7	49.3	1.16	149.7	0	0	60
		下切后	0	0	0	0	4.67	65.72	3.42	0	0	22.52	0	0	8
		减小比例	—	100.0%	100.0%	100.0%	91.0%	78.4%	96.4%	100.0%	100.0%	85.0%	—	—	86.7%
	1987年水闸	下切前	0	12.8	5.23	2.31	23.6	202.2	54.1	11.6	0	90.4	0	0	33.5
		下切后	0	0	0	0	2.1	33.24	0	0	0	9.53	0	0	3.72
		减小比例	—	100.0%	100.0%	100.0%	91.1%	83.6%	100.0%	100.0%	—	89.5%	—	—	88.9%

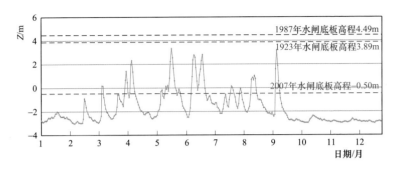

图 4.30　1991 年芦苞（二）站逐日水位变化图（下切后）

表 4.7　　　　　河床下切后各工况分流流量对比表　　　单位：m^3/s

月份	1	2	3	4	5	6	7	8	9	10	11	12	全年
1923 年水闸	0	0	0	0	0	0	0	0	0	0	0	0	0
1987 年水闸	0	0	0	0	0	0	0	0	0	0	0	0	0
2007 年水闸	0	0	0.4	4.7	8.9	13.1	0.4	2.1	5.3	0	0	0	2.9

4.2.5.2　50%典型年

　　河床下切后芦苞（二）站 50%典型年逐日水位如图 4.31 所示。根据统计，2007 年水闸将底板高程降至−0.50m 后全年共有 155d 可向芦苞涌分水，较 1923 年水闸的 17d 和 1987 年水闸的 10d 分别增加 138d 河 145d，增幅为 1450%和 812%。

　　表 4.8 统计了工程前（2007 年水闸工况）月平均分流流量及其与 1923 年水闸和 1987 年水闸工况月平均分流流量的对比情

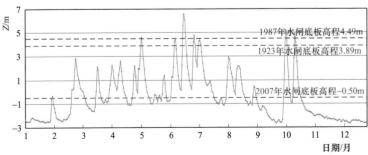

图 4.31　1995 年芦苞（二）站逐日水位变化图（下切后）

况。由表 4.8 可以看到，2007 年水闸工况年均分流流量为 26.9m³/s，较 1923 年水闸的 8.0m³/s 和 1987 年水闸的 3.72m³/s 分别增加 236% 和 623%。从年内各月情况看，2007 年水闸不仅分水时间较前两个工况大幅增加，月均分流流量也有较大增加，其中最大月均分流流量为 142.2m³/s（6 月）。

表 4.8　　　　　　河床下切后各工况分流流量对比表　　　　　单位：m³/s

月份	1	2	3	4	5	6	7	8	9	10	11	12	全年
1923 年水闸	0	0	0	0	4.67	65.72	3.42	0	0	22.52	0	0	8.0
1987 年水闸	0	0	0	0	2.1	33.24	0	0	0	9.53	0	0	3.72
2007 年水闸	0.1	7.1	3.5	13.4	30	142.2	48.8	14	0.6	62.6	0	0	26.9

从以上两个典型年分流情况的对比结果可以看出，将水闸底板高程降低后，芦苞水闸分水时间及分流流量均有较大幅度的增加，可以显著地提高无坝取水保证率。

4.3　小结

河床下切对无坝取水保证率的影响本质上是河道水位降低对取水保证率的影响。本章以芦苞水闸分流计算研究为例，通过对河床下切前、后芦苞水闸分流情况的对比，可以看到河床下切导致河道水位下降，会显著降低无坝取水保证率；计算了采取工程措施（降低闸底板高程）后分流情况，并与工程前进行对比，对比结果表明，在河床下切情况下，降低闸底板高程可显著提高无坝取水保证率。应该指出的是，尽管降低闸底板或取水口高程可以改善或解决河床下切导致的无坝取水保证率降低的问题，但这些工程措施不仅会耗费大量的人力、物力和财力，而且高程也不可能一降再降。因此，完善相应法律法规，加强采砂监督与管理，保证河床稳定，才是有效解决这一问题的根本方法。